国家"十三五"重点图书出版规划项目

"江苏省新型建筑工业化协同创新中心"经费资助

新型建筑工业化丛书

吴 刚 王景全 主 编

BIM 技术与现代化建筑运维管理

编著 徐 照 徐春社 袁竞峰

李明勇 张 华 李灵芝

东南大学出版社
SOUTHEAST UNIVERSITY PRESS

·南京·

内 容 提 要

目前结合 BIM 的建筑业信息化领域的研究越来越热,主要集中于工程设计管理、施工进度/成本/安全管理和设施管理等方面,而将 BIM 应用到运维阶段的研究仍然较少。本书利用 BIM 协同、可视化的特点,将其引入房屋产权(产籍)管理、设施设备维修维护和物业管理各阶段,提高运维管理系统的集成性和一体性,并进一步讨论如何利用空间管理理论与方法解决当前建筑设施存在的空间利用失控、空间功能失效等问题,一方面实现满足不同利益相关者的空间诉求,另一方面实现空间管理对核心业务的支持,充分发挥空间管理在建筑设施中的应用价值。

本书可为房地产、物业管理研究人员和管理人员提供理论与技术支持,注重理论与实践相结合。

图书在版编目(CIP)数据

BIM 技术与现代化建筑运维管理/徐照等编著. —南京:
东南大学出版社,2018.11(2021.4 重印)
(新型建筑工业化丛书/吴刚,王景全主编)
ISBN 978 - 7 - 5641 - 8048 - 5

Ⅰ. ①B… Ⅱ. ①徐… Ⅲ. ①建筑工程—项目管理—
信息化建设—应用软件 Ⅳ. ①TU71-39

中国版本图书馆 CIP 数据核字(2018)第 242451 号

BIM 技术与现代化建筑运维管理

编 著 徐 照 徐春社 袁竞峰 李明勇 张 华 李灵芝

出版发行	东南大学出版社
社　　址	南京市四牌楼 2 号　邮编:210096
出 版 人	江建中
责任编辑	丁　丁
编辑邮箱	d.d.00@163.com
网　　址	http://www.seupress.com
电子邮箱	press@seupress.com
经　　销	全国各地新华书店
印　　刷	江苏凤凰数码印务有限公司
版　　次	2018 年 11 月第 1 版
印　　次	2021 年 4 月第 2 次印刷
开　　本	787 mm×1 092 mm　1/16
印　　张	14.5
字　　数	317 千
书　　号	ISBN 978-7-5641-8048-5
定　　价	78.00 元

序

改革开放近四十年以来,随着我国城市化进程的发展和新型城镇化的推进,我国建筑业在技术进步和建设规模方面取得了举世瞩目的成就,已成为我国国民经济的支柱产业之一,总产值占 GDP 的 20% 以上。然而,传统建筑业模式存在资源与能源消耗大、环境污染严重、产业技术落后、人力密集等诸多问题,无法适应绿色、低碳的可持续发展需求。与之相比,建筑工业化是采用标准化设计、工厂化生产、装配化施工、一体化装修和信息化管理为主要特征的生产方式,并在设计、生产、施工、管理等环节形成完整有机的产业链,实现房屋建造全过程的工业化、集约化和社会化,从而提高建筑工程质量和效益,实现节能减排与资源节约,是目前实现建筑业转型升级的重要途径。

"十二五"以来,建筑工业化得到了党中央、国务院的高度重视。2011 年国务院颁发《建筑业发展"十二五"规划》,明确提出"积极推进建筑工业化";2014 年 3 月,中共中央、国务院印发《国家新型城镇化规划(2014—2020 年)》,明确提出"绿色建筑比例大幅提高""强力推进建筑工业化"的要求;2015 年 11 月,中国工程建设项目管理发展大会上提出的《建筑产业现代化发展纲要》中提出,"到 2020 年,装配式建筑占新建建筑的比例 20% 以上,到 2025 年,装配式建筑占新建建筑的比例 50% 以上";2016 年 8 月,国务院印发《"十三五"国家科技创新规划》,明确提出了加强绿色建筑及装配式建筑等规划设计的研究;2016 年 9 月召开的国务院常务会议决定大力发展装配式建筑,推动产业结构调整升级。"十三五"期间,我国正处在生态文明建设、新型城镇化和"一带一路"倡仪实施的关键时期,大力发展建筑工业化,对于转变城镇建设模式,推进建筑领域节能减排,提升城镇人居环境品质,加快建筑业产业升级,具有十分重要的意义和作用。

在此背景下,国内以东南大学为代表的一批高校、科研机构和业内骨干企业积极响应,成立了一系列组织机构,以推动我国建筑工业化的发展,如:依托东南大学组建的新型建筑工业化协同创新中心、依托中国电子工程设计院组建的中国建筑学会工业化建筑学术委员会、依托中国建筑科学研究院组建的建筑工业化产业技术创新战略联盟等。与此同时,"十二五"国家科技支撑计划、"十三五"国家重点研发计划、国家自然科学基金等,对建筑工业化基础理论、关键技术、示范应用等相关研究都给予了有力资助。在各方面的支持下,我国建筑工业化的研究聚焦于绿色建筑设计理念、新型建材、结构体系、施工与信息化管理等方面,取得了系列创新成果,并在国家重点工程建设中发挥了重要作用。将这些成果进行总结,并出版《新型建筑工业化丛书》,将有力推动建筑工业化基础理论与技术的发展,促进建筑工业化的推广应用,同时为更深层次的建筑工业化技术标准体系的研究奠定坚实的基础。

　　《新型建筑工业化丛书》应该是国内第一套系统阐述我国建筑工业化的历史、现状、理论、技术、应用、维护等内容的系列专著,涉及的内容非常广泛。该套丛书的出版,将有助于我国建筑工业化科技创新能力的加速提升,进而推动建筑工业化新技术、新材料、新产品的应用,实现绿色建筑及建筑工业化的理念、技术和产业升级。

　　是以为序。

清华大学教授
中国工程院院士

2017 年 5 月 22 日于清华园

丛书前言

　　建筑工业化源于欧洲,为解决战后重建劳动力匮乏的问题,通过推行建筑设计和构配件生产标准化、现场施工装配化的新型建造生产方式来提高劳动生产率,保障了战后住房的供应。从 20 世纪 50 年代起,我国就开始推广标准化、工业化、机械化的预制构件和装配式建筑。70 年代末从东欧引入装配式大板住宅体系后全国发展了数万家预制构件厂,大量预制构件被标准化、图集化。但是受到当时设计水平、产品工艺与施工条件等的限定,导致装配式建筑遭遇到较严重的抗震安全问题,而低成本劳动力的耦合作用使得装配式建筑应用减少,80 年代后期开始进入停滞期。近几年来,我国建筑业发展全面进行结构调整和转型升级,在国家和地方政府大力提倡节能减排政策引领下,建筑业开始向绿色、工业化、信息化等方向发展,以发展装配式建筑为重点的建筑工业化又得到重视和兴起。

　　新一轮的建筑工业化与传统的建筑工业化相比又有了更多的内涵,在建筑结构设计、生产方式、施工技术和管理等方面有了巨大的进步,尤其是运用信息技术和可持续发展理念来实现建筑全生命周期的工业化,可称谓新型建筑工业化。新型建筑工业化的基本特征主要有设计标准化、生产工厂化、施工装配化、装修一体化、管理信息化五个方面。新型建筑工业化最大限度节约建筑建造和使用过程的资源、能源,提高建筑工程质量和效益,并实现建筑与环境的和谐发展。在可持续发展和发展绿色建筑的背景下,新型建筑工业化已经成为我国建筑业的发展方向的必然选择。

　　自党的十八大提出要发展"新型工业化、信息化、城镇化、农业现代化"以来,国家多次密集出台推进建筑工业化的政策要求。特别是 2016 年 2 月 6 日,中共中央国务院印发《关于进一步加强城市规划建设管理工作的若干意见》,强调要"发展新型建造方式,大力推广装配式建筑,加大政策支持力度,力争用 10 年左右时间,使装配式建筑占新建建筑的比例达到 30%";2016 年 3 月 17 日正式发布的《国家"十三五"规划纲要》,也将"提高建筑技术水平、安全标准和工程质量,推广装配式建筑和钢结构建筑"列为发展方向。在中央明确要发展装配式建筑、推动新型建筑工业化的号召下,新型建筑工业化受到社会各界的高度关注,全国 20 多个省市陆续出台了支持政策,推进示范基地和试点工程建设。科技部设立了"绿色建筑与建筑工业化"重点专项,全国范围内也由高校、科研院所、设计院、房地产开发和部构件生产企业等合作成立了建筑工业化相关的创新战略联盟、学术委员会,召开各类学术研讨会、培训会等。住建部等部门发布了《装配式混凝土建筑技术标准》《装配式钢结构建筑技术标准》《装配式木结构建筑技术标准》等一批规范标准,积极推动了我国建筑工业化的进一步发展。

　　东南大学是国内最早从事新型建筑工业化科学研究的高校之一,研究工作大致经历了三个阶段。第一个阶段是海外引进、消化吸收再创新阶段:早在 20 世纪末,吕志涛院士敏锐地捕捉到建筑工业化是建筑产业发展的必然趋势,与冯健教授、郭正兴教授、孟少平教授等共同努力,与南京大地集团等合作,引入法国的世构体系;与台湾润泰集团等合作,引入润泰预制结构体系;历经十余年的持续研究和创新应用,完成了我国首部技术规程和行业标准,成果支撑了全国多座标志性工程的建设,应用面积超过 500 万平方米。第二个阶段是构建平台、协同创新:2012 年 11 月,东南大学联合同济大学、清华大学、浙江大学、湖南大学等高校以及中建总公司、中国建筑科学研究院等行业领军企业组建了国内首个新型建筑工业化协同创新中心,2014 年入选江苏省协同创新中心,2015 年获批江苏省建筑产业现代化示范基地,2016 年获批江苏省工业化建筑与桥梁工程实验室。在这些平台上,东南大学一大批教授与行业同仁共同努力,取得了一系列创新性的成果,支撑了我国新型建筑工业化的快速发展。第三个阶段是自 2017 年开始,以东南大学与南京市江宁区政府共同建设的新型建筑工业化创新示范特区载体(第一期面积 5 000 平方米)的全面建成为标志和支撑,将快速推动东南大学校内多个学科深度交叉,加快与其他单位高效合作和联合攻关,助力科技成果的良好示范和规模化推广,为我国新型建筑工业化发展做出更大的贡献。

　　然而,我国大规模推进新型建筑工业化,技术和人才储备都严重不足,管理和工程经验也相对匮乏,亟须一套专著来系统介绍最新技术,推进新型建筑工业化的普及和推广。东南大学出版社出版的《新型建筑工业化丛书》正是顺应这一迫切需求而出版,是国内第一套专门针对新型建筑工业化的丛书。丛书由十多本专著组成,涉及建筑工业化相关的政策、设计、施工、运维等各个方面。丛书编著者主要是来自东南大学的教授,以及国内部分高校科研单位一线的专家和技术骨干,就新型建筑工业化的具体领域提出新思路、新理论和新方法来尝试解决我国建筑工业化发展中的实际问题,著者资历和学术背景的多样性直接体现为丛书具有较高的应用价值和学术水准。由于时间仓促,编著者学识水平有限,丛书疏漏和错误之处在所难免,欢迎广大读者提出宝贵意见。

丛书主编　吴　刚　王景全

前　　言

在建筑工程运行维护阶段,涉及诸多利益相关者,各利益相关者之间很难及时有效地获取建筑及设备设施运行状态并协同管理,如在传统的物业管理中采用派送表格人工填写、公告栏、广播等自成体系的独立管理模式,也可以称之为"信息孤岛";其次,在民用建筑工程特别是住宅工程中,影响使用功能的质量通病比较普遍,已经成为群众投诉的热点问题。更为严重的是,一些已建成工程还存在着结构安全隐患,直接威胁着人民生命和财产的安全;另外,目前建筑工程的结构越来越复杂,使用的设备设施种类也迅速增多,对我们的设备管理水平和管理效率提出了更高的要求。而传统的建筑设备运行维护管理方法主要是通过纸质资料和二维图形来保存信息进行设备管理,这存在很多问题。如二维图形信息难理解,复杂耗时;信息分散无法进行关联和更新,且容易遗漏和丢失,无法进行无损传递;查询信息时需要翻阅大堆的资料和图纸,并且很难找到所需要设备的全套信息。这些问题导致运行维护利益相关者在维修保养时往往因信息不全、图形复杂等原因而无法确保房屋及设备维护的及时性与完好性,影响维护保养质量,并且耗费大量时间资源和人力资源,管理效率较低。如何高效地进行建筑工程运行维护协同管理和可视化是一个非常重要的问题。因此,为解决上述传统建筑工程运行维护管理中存在的问题,提高管理效率,从而提出本研究课题。

当今时代,随着计算机技术、网络技术和信息技术的飞速发展,信息系统逐渐应用到了人类生产生活当中的各个领域,促进了信息的大范围、快速传播,信息化已经成为当今世界经济与社会发展的大趋势。对于建设工程领域而言,项目全生命周期涉及大量的工程信息以及多个利益相关方,要实现信息传递的高效性、准确性和低冗余度,建筑业信息化则是必然趋势。建筑信息模型(Building Information Modeling,BIM)技术的快速发展为本课题的研究提供了技术支撑。通过 BIM 技术提供的信息、资源整合平台可以进行更好、更智能的信息储存、信息管理和信息传递,BIM 模型能提供可视化的操作及展示平台,让我们的运维管理对象和管理工作变得更加形象、直接,以便更加简单有效地进行建筑的运行维护可视化管理,更准确、全面、快速地掌握建筑运维管理信息,更有效地进行建筑运维协同管理,提高维护效率,但在运用过程中仍存在诸如信息孤岛、信息断层、信息化规范标准不健全,以及信息化组织体系不完善等问题。

本书通过文献检索、案例分析、专家访谈等系列方法,深入探讨建筑设施运维管理的基础理论,主要内容为:①明确了运维管理的定义及运维管理的内容;②BIM 的概念和技术应用;③探讨利益相关者理论在建筑运维管理应用的必要性,对建筑空间管理的利益相关者进行了定义、识别与分类,拟定主要利益相关者和次要利益相关者。主要利益相关者是与项目有合法的契约合同关系的团体或个人,比如业主方、承包方、设计方、供货方、监理方、给项目提供借贷资金的信用机构等。次要利益相关者是与项目有隐性契约,但并未正式参与到项目的交易中,受项目影响或能够影响项目的团体或个人,比如政府部门、环保部门、社会公众等。他们的诉求直接转化为运维管理目标,他们直接参与运维管理流程,为识别运维管理目标提供基础。通过研究形成了建筑全生命周期管控关键技术方案。针对建筑房产管控的系统平台架构、产权(产籍)管理、维修改造决策和物业管理监管提出以利益相关者视角为切入点,通过设定空间管理目标、设计空间管理流程、构建关键绩效指标体系、实施空间管理绩效评估与优化等构成的完整空间管理体系、流程与方法,落实空间管理在建筑设施运营中的应用。

本书在写作过程中参考了许多国内外相关专家学者的研究成果,已在参考文献中列出,在此向他们表示感谢!同时本书的形成得到了光铭 FMBIM 研究院首席研究员陈光和东南大学建设与房地产系研究生李柄静、牛玉敏、黄珺、贾若愚等人的帮助,在此亦向他们表示感谢!对于可能遗漏的文献,再次向作者表示感谢及歉意。同时书中难免有错漏之处,敬请各位读者批评指正,不胜感激!

笔 者

2018 年 8 月于东南大学九龙湖校区

目　　录

第**1**章

绪 论

1.1 研究背景

对于建筑工程,通常将其全生命周期分为规划设计、工程施工、运行维护和报废退役四个阶段。在建筑的全生命周期中,运行维护阶段的周期占全生命周期的绝大部分,而从成本角度来看,运行维护阶段约占总成本的 80%。因此,运行维护阶段是建筑工程中时间周期最长,成本比例最大的一个阶段。

然而,在建筑工程运行维护阶段,涉及诸多利益相关者,各利益相关者之间很难及时有效地获取房屋及设备设施运行的状态并协同管理;其次,在民用建筑工程特别是住宅工程中,影响使用功能的质量通病比较普遍。而传统的建筑设备运行维护管理方法主要是通过纸质资料和二维图形来保存信息进行设备管理,这存在很多问题[1]。运行维护利益相关者在维修保养时往往因信息不全、图形复杂等原因而无法确保房屋及设备维护的及时性与完好性,影响维护保养质量,并且耗费大量时间资源和人力资源,管理效率较低。如何高效地进行建筑工程运行维护协同管理和可视化是一个非常重要的问题。因此,为解决上述传统建筑工程运行维护管理中存在的问题,提高管理效率,从而提出本研究课题。

当今时代,随着计算机技术、网络技术和信息技术的飞速发展,信息系统逐渐应用到了人类生产生活中的各个领域,促进了信息的大范围、快速传播,信息化已经成为当今世界经济与社会发展的大趋势。对于建设工程领域而言,项目全生命周期涉及大量的工程信息以及多个利益相关方,要实现信息传递的高效性、准确性和低冗余度,建筑业信息化则是必然趋势。对此,在我国建设工程领域,早在 20 世纪 80 年代,计算机的使用首先在工程设计阶段得到推广,到 2000 年基本实现了"甩掉图板";随后,住建部颁布了《建筑业信息化发展纲要》,强调了建筑业应高度重视信息化建设,不断提高信息技术应用水平,促进建筑业技术进步和管理水平提升;此外,住建部还颁布了《关于推进建筑信息模型应用的指导意见》,就目标、措施等做了具体阐述,进一步掀起了建筑领域建筑信息模型(Building Information Modeling,BIM)应用的热潮。建筑信息模型的快速发展为本课题的研究提供了技术支撑。通过 BIM 技术提供的信息、资源整合平台可以进行更好、更智能的信息储存、信息管理和信息传递,BIM 模型能提供可视化的操作及展示平台,让运维管理对象和管理工作变得更加形象、直接，以便更加简单有效地进行建筑的运行维护可视化管理，更准确、全面、快速地掌握建筑运维管理信息，更有效地进行建筑运维协同管理，提高维护效率，但在运用过程中仍存在诸如信息孤岛、信息断层、信息化规范标准不健全，以及信息化组织体系不完善等问题[2-3]。

综上所述，一方面建筑工程的运维阶段在整个生命周期内所占的时间和成本都是最多的，随着房地产向存量市场转型和建筑工程日趋复杂，设施设备的运维会受到越来越多的关注，但在运维阶段仍存在协同效率低、信息化不足等问题；另一方面，BIM 技术为解决上述问题提供了技术支持，但在运维阶段应用时仍有空白和不足之处，需进一步开发完善。

1.2　研究意义

目前结合 BIM 的建筑业信息化领域的研究也越来越热，主要集中于工程设计管理、施工进度/成本/安全管理和设施管理等方面。而将 BIM 应用到运维阶段的研究仍然较少，本书利用 BIM 协同、可视化的特点，将其引入房屋产权（产籍）管理、设施设备维修维护和物业管理各阶段，其研究意义主要有以下几点：

（1）运维管理流程集成化

通过文献查阅及实际调研，重新梳理关于建筑工程运行维护管理的工作内容，分析主要利益相关者在运维管理工作中的主要职责，根据内部管理机制、运作方式、管理模式、问题应对策略等情况制定了适应建筑运行维护协同管理的流程，进而引进 BIM 技术，将运维管理的流程在 BIM 环境下进行集成。

（2）运维管理信息一体化

随着建筑投入使用，会产生大量的运维数据，本书将 BIM 技术引入建筑运维管理中，建立建筑运维数据库，可以完整地对信息进行存储、分析、传递，随时为利益相关者提供查询服务，这将大大提高信息存储的完整性；可以消除建筑及设备维修保养过程中因资料丢失而导致的问题，实现信息一体化管理。

（3）运维管理工作协同化

BIM 模型在存储运维数据的基础上，对运维阶段的工作内容进行功能模块设计，进而实现所有管理者在可视化平台协同工作。这打破了传统运维管理各工作模块信息不共享、反馈不及时的局面，所有的系统用户可以方便快捷地查询建筑的空间使用情况和运行保养情况。同时，因为 BIM 技术的可视化特性，运维管理各方可以通过系统直观地看到建筑的 3D 模型，并可以选择性地查看建筑的细节部位构件或设备情况，便于管理者全方位掌握建筑运行状态。此外，当使用者发现设备故障时可直接在系统管理平台报修，项目维护方根据提示可迅速做出处理，并根据维修情况及时记录信息，大大节省了人工管理的时间，从而提高运维管理效率，使参与各方通力协作。

1.3 国内外研究现状

1.3.1 BIM 研究现状

（1）国外研究现状

国外 BIM 研究相比国内起步早,相关理论研究也更为成熟,建筑信息模型这一概念由伊斯特曼(Eastman)等于 19 世纪 70 年代首次提出。目前,国外关于 BIM 的研究主要集中在 BIM 技术的应用拓展研究、IFC 标准及扩展机制研究和基于 BIM 的"nD"模型研究这三个方面,其中在建筑工程运维阶段运用 BIM 技术研究相比国内较多,研究领域包含数据标准、信息集成、应用框架和系统架构与开发,下面逐一介绍。

在数据标准方面,国外现行的数据标准有:①工业基础类(Industry Foundation Classes,IFC)系列标准,包括 IFC、国际字典框架(International Framework for Dictionaries,IFD)、信息传递手册(Information Delivery Manual,IDM)和模型视图定义(Model View Definition,MVD),均是 buildingSMART 组织制定的标准;②施工运营建筑信息交换(Construction Operations Building Information Exchange,COBie)标准,是服务于已建成建筑运营和管理的信息交换标准,一般要求自建筑全生命期初期的概念设计阶段应按照 COBie 等标准定义模型;③Omni Class(OCCS 或 Omni Class Construction Classification System)标准,是一个设备全生命期的信息分类标准,作为组织、排序、搜索信息的手段,其包含 15 个不同建筑信息的分类表格。

在信息集成方面,Becerik-Gerber[4]等提出金字塔形状的数据结构形式,并明确了项目各参与方提供数据的职责;深入利用 IFC 研究了基于本体的建筑信息管理方式。目前,这是国内外 BIM 应用研究热点之一。

在应用框架方面,Corry E[5]指出建筑信息的分散和缺少统一的预测分析工具是优化复杂建筑物性能的阻碍,进而提出一种结构化和定量化的框架来评估建筑性能,并以数据标准为基础实现 IDM,从而支持 MVD;Hu Zhenzhong[6]提出安全和结构监测、机电设备、机场模拟优化等 3 个典型研究框架,并应用于桥梁和大型公共设施。

在系统架构与开发方面,国外用于运维管理的 BIM 平台系统主要有三类:①直接应用商业软件产品,目前较为广泛使用的商业运维管理软件有 Allplan Allfa,软件的功能有数据标准化的信息管理、空间管理、设备文档管理、暖通和防火预警等,覆盖了设计、施工和成本管理,可以完成一定程度的信息集成,更符合 BIM 技术的理念,及全生命期管理的要求。其不足主要是功能不够完善,覆盖面较低。②基于商业软件进行二次开发,二次开发的系统可以利用已成熟的界面和图形平台,开发周期短,基本可以满足一般工程的需求。但由于其软件架构于商业软件之上,功能扩展性较差。③研发具有自主知识产权的平台系统,自主开发束缚小,但目前该领域的研究不足,已经开发成功的系统大多针对运维的某一个或几个特定领域,如基于 BIM 的机电设备智能管理系统 BIM-FIM[7]。

（2）国内研究现状

国内学者对 BIM 在建筑工程全生命周期内的应用展开了积极研究,包括可行性研究阶段、设计工作阶段、建造实施阶段和运营维护阶段,但更多关注于设计和施工阶段。在设计阶段,王陈远[8]首先剖析了基于 BIM 的深化设计管理流程,在充分考虑深化设计和 BIM 的技术特点的基础上,建立了以施工企业为主体的深化设计管理流程,对基于 BIM 的深化设计工作流程进行了规范,保证深化设计质量;在施工阶段,柳娟花[9]通过 Revit 软件建立 BIM,再通过专业性软件工具 EcotectAnalysis 对模型进行综合评估分析,借助 Navisworks 和 RevitAPI 对模型施工过程进行了真实的模拟再现,实现了对 BIM 模型中特定信息的获取以及施工过程构件之间的碰撞检测,为后续的实际施工阶段提供了很好的技术和数据支持;在运维阶段,王廷魁和张睿奕[10]提出了基于 BIM 的建筑设备可视化管理模式,这种管理模式能够提高设备管理的信息化程度,进而提高工作效率,降低设备管理难度,实现高效、及时、方便的设备运维管理。

许多学者对信息交换标准和数据集成机制这一横向研究方向也进行了深入研究,陈沉等[11]研究基于同一数据平台下的信息模型如何从设计单位无缝传递给施工单位和业主单位。张建平等[12]为了解决数据交换时格式转换困难,提出了面向建筑全生命期的集成 BIM 构建框架,通过研究集成 BIM 基本结构、建模流程、应用架构以及建模关键技术,开发了 BIM 数据集成与服务平台的原型系统,为面向全生命期的 BIM 创建、管理与应用探索了新的方法和技术。清华大学软件学院 BIM 课题组设计出一个中国建筑信息模型标准框架(简称 CBIMS),并对 CBIMS 的组成及各部分相关内容进行了详细的介绍,方便建筑业各相关产业链环节共享和应用 BIM[13]。张洋[14]在研究中引入建筑业国际标准 IFC,提出基于 BIM 的工程信息管理体系与架构,建立了 BIM 体系结构、信息描述和扩展机制,解决了模型转换、信息提取与集成、数据存储与访问等关键技术问题。在此基础上开发了 BIM 信息集成平台(BIMIIP),可实现处理结构化和非结构化数据,定义子模型视图、管理属性集及术语、创建及转换 BIM 几何模型等功能,为实现工程信息交换、共享和集成化管理,提供了理论、方法、技术和平台。

1.3.2　BIM 协同管理研究现状

BIM 不仅是一项技术应用。BIM 模型本身作为包含大量信息的资源处理中心,在信息处理过程中必然有信息的高度交流和相互关联,因此 BIM 也是多方协作的协同平台,为建设工程项目带来共同决策制定、协作共赢的协同环境。

（1）国外研究现状

在信息协同方面,信息协同要求不同模型之间的交互,即模型的协同,由于不同的模型由不同的软件完成,现有信息协同研究延伸至定义统一的模型交互标准[15]。IFC 是 AEC 软件应用间的建筑信息转换数据平台,1995 年由 buildingSMART 组织提出[16],主要功能是在建筑环境下建立不同软件间的交互和开放标准[17]。Plume 等[18]讨论了不同专业基于共享的 IFC 建筑模型的协同设计,重点讨论设计流程的技术操作问题。

Nour[19]报告了协同 BIM 模型环境下,基于中央模型服务器各方的私人工作空间研究,主要关注 IFC 模型下减少工作的复杂性和提高整体性能。

在建设工程协同设计方面,Griffith[20]等通过访谈、研讨会等收集数据,总结出 10 个在设计阶段的协同问题。Isikdag 等[21]提出了一个基于系统层次理论和 BIM 的协同设计方法。该文展示了基于 BIM 的设计信息协同系统,在该协同系统下,当追踪协同环境设计中的循环问题时,可以帮助系统分析人员/设计人员专注于系统层面的图像。Poerschke 等[22]研究不同专业间的协同,提出了在建设工程设计阶段,基于 BIM 技术的数据收集、分析、设计发展、数据协同和项目展示。同时测试了建筑设计、场地设计、施工、结构、电气和照明工程六个专业间的协同作业,观察了六个不同专业间在 BIM 工作流程下的协作方式。在此协同环境和 BIM 共同作用下,了解各专业间的技术、知识的协同方式,结果用于指导实际工程各参与方的协同。

在建设工程采购模式方面,BIM 支持集成工程采购的概念,即将人员、系统和商业结构集成在协作共赢的项目实施流程中,在项目的全生命期过程中减少浪费、优化效率[23],对 BIM 应用下工程参与方角色进行再定义与重组[24]。集成采购模式(Integrated Project Delivery,IPD)的出现旨在通过项目团队目标一致、合作共赢、早期参与、多方合同的方式提高项目成果,IPD 与 BIM 的结合将会促进工程全过程合作协同[25-27],带来工程由分裂走向合作统一的变革。Porwal 等[28]提出了基于公共采购框架的"BIM 合伙采购模式(BIM partnering)"结构。

在建设工程专业领域中的应用,Khanzode[29]将 BIM 与 VDC(Virtual Design and Construction,VDC)结合应用于 MEP(Mechanical,Electrical,and Plumbing,MEP)的工作流程协同。Dossick 等[30]介绍了 BIM 在 MEP 协同作业中的应用情况,以及 BIM 如何对协同和交流产生影响,通过对两个商业建筑项目 MEP 协作流程的观察和美国 65 个行业领导者的访谈,得出 BIM 应用项目通常在技术上紧密结合,但在组织上分离。也就是说,BIM 使得项目成员之间的协同实现了可视化,但是各公司间的协同程度并没有增加;发现每个公司的工作范围与项目整体目标间存在冲突,MEP 协调人员的个人领导力通常更能代表组织的凝聚力。因此,BIM 应用应当调整组织结构和力量以适应 BIM 在项目中的功能发挥。

(2)国内研究现状

国内学者在信息协同、组织结构协同、过程协同、目标协同和资源协同方面都进行了一定程度的研究。

由于信息协同是组织结构协同、过程协同、目标协同和资源协同的基础,国内学者在这一方向进行了大量研究。2007 年,中国建筑标准设计研究院发布了 JG/T198 标准,其中定义了关于数字化的建筑信息,为建筑全生命周期内各阶段各参与方之间的信息交换和传递提供了参考[31]。清华大学基于 BIM 研究编制了中国建筑信息模型标准。马智亮探讨了 BIM 项目的信息数据应用问题,提出目前 BIM 信息协同应用主要从三个方面着手:第一,BIM 模型数据交换标准问题;第二,BIM 模型的使用与维护问题;第三,BIM 技术发展的网络化问题[32]。

在组织结构协同维度上,主要集中在设计系统内协同。陈杰等[33]将云计算技术(Cloud Computing)与建筑信息模型(BIM)集成应用于建筑工程协同设计,构建了一个基于 Could-BIM 的协同设计平台,设计了其主要功能模块,包括 BIM 建模、任务划分与设计协同、设计者权限管理、冲突检测与消解、知识管理、基于 BIM 模型的扩展功能分析等六大模块,提出了该协同设计平台的实施方案,并通过一个实际工程案例分析了该协同设计平台的实施过程。研究结果表明,云计算技术和 BIM 有潜力支撑建设工程项目的协同设计。冯涛等[34]针对 BIM 技术在建筑协同设计应用中的难点和障碍,从 Revit 软件操作层面和制度层面分析基于 BIM 技术的协同设计的协同准备要点和方法;在此基础上,就 BIM 协同设计模式的应用推广提出避免信息不对称、确保模型集成后的规范管理等建议。

在过程协同维度上,即数据模型的交换和集成,郭俊礼等[35]提出了在工程项目建设的各阶段,BIM 的建立策略及具体应用,探究了基于 BIM 项目的协同管理框架。滕佳颖等[36]提出了基于 BIM 的多方协同管理系统框架,可以实现项目多方合同下的协同。张建平等[37]基于 IFC 标准研发了智能物业管理系统,该系统可以将项目设计阶段、施工阶段与物业运营阶段的项目信息集成起来,实现项目全生命周期的信息交换和传递。

目标协同和资源协同的相关文章较少。在目标协同方向,张连营等[38]针对建筑工程项目对 BIM 技术的实际应用需求,从理论层面提出了基于 BIM 技术的建筑工程项目进度—成本协同管理模型的整体实施方案和系统平台架构,在整体实施方案中阐述了协同管理系统的整体架构、协同管理的主要流程以及系统的实现方法,为实体管理系统的构建提供了理论依据与技术支撑。在资源协同方向,张朝勇等指出当前大多数"项目型"公司在同一时间往往管理多个项目,在资源一定的条件下,如何加强多个项目之间的协同,最大限度地利用企业内部资源,进行协同运作,产生协同经济,是项目群管理的关键。分析了项目群管理的协同动因,比较了项目群管理与项目管理的区别,论述了项目群协同管理的影响因素。在此基础上,建立了项目群协同管理模型,详细论述了协同机理及协同效应,以及可能存在的协同冲突和成本[39]。

此外,随着 BIM 技术的逐渐成熟,以 BIM 技术为基础的一种新的建设项目综合交付方法 IPD,将带来新的建设项目管理模式,最大限度地促进建筑专业人员整合,实现信息共享及跨职能团队的高效协作。徐韫玺等[40]分析了当前建筑业效率较低的原因,提出 IPD 有助于改变这种现状,并建立了 BIM 应用下的项目协同框架。马智亮等[32]也探讨了 IPD 与 BIM 技术结合的应用问题,提出目前 BIM 技术在 IPD 中应用需要解决的 3 个问题:一是 BIM 数据标准的统一;二是建筑模型本身的运行与维护性能;三是发展 BIM 技术的网络化应用。

1.3.3 建筑工程运维管理研究现状

(1) 国外研究现状

建筑物运维管理在国际上多称为设施管理(Facilities Management,FM),是物业管理理念的延伸，20 世纪八九十年代从传统的物业管理范围内脱离出来，并逐渐发展成为独立的新兴行业，是一门相当新的交叉学科，综合了管理科学、建筑科学、行为科学和工程技术的基本原理。

随着新兴建筑、复杂业务的出现及人们对生活环境、生活品质的高标准需求，FM 的对象和范围也发生了变化：从狭义上被理解为管理建筑、家具和设备等"硬件"[41]到广义上扩展为管理基础设施、空间、环境、信息、核心业务及非核心业务支持服务等"软硬件"的结合[42-43]。而各个机构或个人对 FM 的定义标准仍然不同，但基本思路一致，本研究参照国际设施管理协会(IFMA)的定义，即设施管理通过人员、空间、过程和技术的集成来确保建筑环境功能的实现。

一些学者对设施管理的范围进行了相关研究。Quah[44]给出了较为系统的 FM 范围，包括财务管理、运营管理、空间管理与行为管理等；Nutt 等[45]指出设施管理的核心功能为财务资源管理、人力资源管理、实物资源管理及信息资源管理；而 Mcgregor[46]从设施管理经理的工作内容角度提出了设施管理的工作包括战略性设施规划、空间规划和工作场所战略、设施支持服务管理及资产管理与维护。

FM 的研究经历了从关注设备领域到融入空间管理而形成现代集成设施管理的发展过程，现在对其主要内容的研究集中在空间管理、绩效评估与绩效管理、维修管理、外包管理、信息化技术应用、学科推广及实践应用分析等。

学者对于"空间管理"的研究过于粗略，对于相应的绩效目标或指标过多集中于"空间利用率"与"空间占用成本"这两类指标，无法全面表征空间管理目标的原则与内涵。故而，本书在既有 FM/工作空间管理(Workplace Management)/空间管理的绩效管理基础上，将文献搜索范围扩大至建筑设施的战略管理与建筑物/设施的绩效评估等相关研究，以期获得全面的建筑空间管理目标。

其中，Cotts[48]指出空间是 FM 的通用语，空间使用必须被管理起来，空间管理亦为设施管理的重要分支[49]。将空间置于 FM 职能中可梳理得出这一核心逻辑关系线条：最终用户从事某种业务活动，故而需要工作空间，而为了得到和维持这个空间，则需要 FM 服务[50]。因此，空间、业务流程、硬件设施及最终用户的交织构成了 FM 系统。从 20 世纪 90 年代至今，空间管理的研究与应用进入成熟发展时期，主要集中于工业建筑、教学楼、研究机构、医疗机构及企业办公楼等设施的研究与应用[49,51,52]。空间管理的具体研究内容主要包括空间规划、空间内部成本计算、空间利用率分析、办公空间绩效、标杆管理应用以及信息技术应用等。

设施内部空间管理的核心是空间库存数据的获取与管理，这一数据的获取主要来自原有 CAD 平面数据和认知走查统计数据，时空行为研究的定位技术(GIS)与 BIM、ARCHIBUS、IWMS 等软件的开发为设施空间的动态变化数据的采集带来了新契机，传统的认知走查结合基于位置感知设备的数据采集技术可获得高质量的样本数据，为设施内部空间库存的管理与研究提供了独特视角和良好技术支持[50]。

（2）国内研究现状

国内的 FM 发展可回溯至 1992 年，始于洪立先生在香港成立国际设施管理协会香港分部[53]。2004 年 8 月，IFMA 的三位最高官员出席了在北京举办的医院设施管理研讨会。这次会议为中国内地颁发了第一张入会会员资格证，成为 FM 在内地正式起步的开端[54]。目前国内 FM 还处于起步阶段，在建筑行业对其还未形成完整统一的定义。汪再军[54]认为运维管理是整合人员、设施和技术，对人员工作、生活空间进行规划、整合和维护管理，满足人员在工作中的基本需求，支持公司的基本活动过程，增加投资收益。中国香港设施管理协会提出设施管理是一个综合人、过程及物业的优点以达到长期策略性目标的过程。

纵观国内学者的研究，主要集中在：①现有运维管理的不足，介绍先进的设施管理理念；②设施管理信息化的应用探索。

刘幼光等[55]指出我国的设施设备管理存在的问题有设施管理体制不健全、企业组织效率偏低、员工的积极性不高等，并提出了相应的解决办法。郑万钧等[56]认为我国大厦型综合楼设备设施管理存在工作人员流动性大、管理水平低、设备资料不齐全、发生故障不能及时维修、各设备的维护成本比较大等问题。刘会民[57]指出设施设备管理存在以下问题：管理人员思想观念陈旧、设施管理交接工作不到位、设施档案管理落后，并根据这些问题提出了相应的措施。

王兆红等[58]介绍了设施管理的概念、范围、内容、涉及的主要问题及其绩效评估的研究进展，探讨了设施管理的未来研究方向。汪再军[54]首先对建筑行业运维管理给出了自己的定义，其后确定运维管理的范畴，主要包括以下五个方面：空间管理、资产管理、维护管理、公共安全管理、能耗管理，并对 BIM 技术在运维管理中的作用进行初步探讨，认为 BIM 是在运维管理中应用的关键技术。

国内设施管理信息化的技术支撑主要是 BIM 技术。2008 年，郭岩巍[59]依据建筑行业 IFC 数据交换标准，旨在以达成 FM 的建筑智能化为目标，构建 IFC 数据转换接口及建筑物业信息模型，实现了从建筑设计阶段到施工，再从施工到运维阶段的信息交互共享。2013 年，过俊等[60]通过整合 BIM 模型数据和设备参数数据，利用 3D View 控件构建出建筑空间与设备运维管理系统，可实现 BIM 模型浏览功能、设备信息查询、设备报修流程，以及计划性维护等功能，为 BIM 技术应用于建筑运维管理阶段提供了思路。杨煊峰等[61]运用逃生模拟分析软件对建筑的 BIM 模型进行系统性分析，加载逃生路径和设置疏散人数并研究参数设置，最终得出疏散时间、疏散轨迹，以及疏散口人数曲线图和区域人数变化曲线图，有助于建筑师对设计进行针对性的调整和优化。王廷魁等[62]通过创建集成的 BIM 和 RFID 环境，开发建筑设备运维管理系统数据库，确认设备运行维护管理工作所需信息、具体实施流程，以及不同级别的人员对数据库的使用方式及相应职责，建立建筑设备的运行维护管理系统，提供了方便快捷的信息获取方式，提高了设备管理者的能力。

值得注意的是，在国内空间作为设施管理的要素也成了研究热点。在最近的十余年里,中国受到全球化的强烈影响,尤其是跨国企业带来的先进理念和经验,其空间管理的理念也逐步被中国企业、教育机构、研究机构所接受,同时他们也积极拓展相关应用及研究。2003—2005 年,中国平安集团公司采购和实施 ARCHIBUS 空间管理软件;2010 年,费哲咨询公司开发空间管理专业课程和解决方案;2011 年,同济大学曹吉鸣[47]教授在《设施管理概论》中具体分析空间管理的内容;2013 年,同济大学设施管理研究中心完成了国内第一份 FM 行业研究报告《金桥出口加工区设施管理现状调查与研究报告》;2013 年,陈光等[50]指出了国内对 FM-BIM 的认识误区;2014 年,天津大学与 ARCHIBUS(中国)解决方案中心合作研究 BIM 与 ARCHIBUS 在教学设施空间管理的集成应用。

可以发现,与本研究最相关的是设施空间的库存—成本分析、空间绩效评估与信息技术整合应用研究。

① 现有对空间的库存与成本的分析集中在成本管理模型中的空间指标——单位面积成本与空间利用率。其主要方法是基于空间库存的基础数据,核算分摊成本与建筑效率指数[63]。不同学者应用上述方法对各种设施进行了空间分析:NAO[64]提出了空间成本应计算的五大子目;Wan 等[65]应用成本计算模型对 UTHM 进行了成本摊销分析;天津大学与 ARCHIBUS 完成了教学楼租赁成本管理。

② 空间管理绩效的评估是对空间管理工作的一种衡量与指导,当前研究主张将绩效评估向绩效管理转变[66],这是集成管理的充分体现。常用评估方法包括:平衡计分卡[67]、关键绩效指标设定[68]、衡量基准法[64]等。

③ 空间管理是天然的信息系统,信息化工具则是构建信息系统的基本要素,其为尚未普及的空间管理模式带来一个巨大的机遇[50]。应用信息化技术的主要原因是降低占用成本、减少空间搬迁、提高空间的灵活性、令数据可视化等。主要的应用软件为:IBM Tririga 软件系统、ARCHIBUS 软件系统等。此外,在空间数据采集中也涉及多种信息技术的应用,如地理信息系统(GIS)、无线射频识别(RFID)等。需要指出的是,ARCHIBUS 与 BIM 技术的集成是最值得关注的空间管理技术,它将基本的空间管理功能实现可视化,是未来空间管理发展的趋势。

1.3.4　国内外现有研究评析

(1) 国内建设工程运维管理的主要内容是空间管理、维护管理和公共安全管理,对能耗管理和资产管理鲜有研究,且既有的空间管理相关研究尚没有统一空间管理的研究范畴,运维管理在国内的发展潜力巨大。

(2) 由于运维管理时间跨度大、周期长、内容多、涉及人员复杂,传统的运维管理效率相对低下。在运维管理中引入 BIM 技术,在同步提供有关建筑使用情况或性能、入住人员与容量、建筑已用时间以及建筑财务方面信息的同时,可提供数字更新记录,并为规划与管理提供便利。不仅可以满足用户的基本活动需求,增加投资收益,还能实现设计、施工和运维的信息共享,提高信息的准确性,并为各方人员提供一个便捷的管理平台以提高对建筑运维管理的效率,应用潜力巨大。

（3）目前，国内外在 BIM 运维管理的技术层面和应用层面均有研究，技术层面主要包括数据标准语模型详细程度要求、信息集成、应用框架、传感器与无线射频识别这四方面的研究，应用层面则主要集中在系统架构与开发上。文献中具体的应用领域有建筑设备管理、数据收集与定位、能耗管理、公共安全管理、桥梁工程应用、医疗特殊设备管理，但具有成熟规模的应用案例较少，主要是应用探究。

（4）BIM 技术以及协同管理理念在建筑运行维护阶段的应用尚不成熟。已有的 BIM 技术在建筑工程中的应用大多集中在设计、施工阶段，理论中的 BIM 应该能够贯穿建设项目的整个生命周期，然而由于尚未规范化的 BIM 数据标准、不明确的运维管理需求、不完善的运维基础技术架构等原因，BIM 技术在运维阶段的应用总体还处于初级阶段，其应用还有待进一步的深入研究。

由此可以看出，结合 BIM 技术进行建筑运维管理研究还留有很大的空间，尤其对基础技术和相关标准有待深入研究，并诉求于进一步的工具整合。

第2章

BIM 与现代化建筑运维管理理论研究

2.1 BIM 的概念及应用

2.1.1 BIM 的概念及特点

BIM 起源于石油化工行业、汽车制造业和造船业当中广泛应用的产品模型[69-72]。国际标准对"建筑信息模型(Building Information Model,BIM)"的定义为:能够为决策提供依据的建筑对象的物理和功能特性的数字化共享模型[73],它是能够在实质上代表全生命周期的实体建筑的语义化的、连续性的、数字化的建筑模型[74-75]。BIM 由代表建筑构件的参数化对象组成,并通过面向对象的软件来实现[76-78],其特点主要体现在以下几个方面[79-80]:

(1) 可视化。以往建筑工程当中的建筑实体都是以二维线条的形式在图纸上绘制表达,BIM 的产生实现了建筑实体的三维可视化表达。此外,三维效果图还能够实现与构件信息间的反馈和互动。这使得建设项目全生命周期的管理和决策都能够在可视化的状态下进行。

(2) 协调性。一方面,建设项目涉及众多利益相关方,而不同的利益相关方在对项目的定位和预期上总会有或多或少的差别;另一方面,建设项目具有建设周期长、阶段多的特点,随着项目工作的开展和实施,可能会发生很多变更。因此,实现多利益相关方、多阶段的协调十分重要。而 BIM 的数据集成与共享、碰撞检测、施工现场布置等功能很好地实现了建设项目的协调。

(3) 模拟性。BIM 不仅能够模拟出建筑物的三维可视化模型,还能够模拟一些现实世界中难以实现的操作,如日照模拟、节能模拟、4D 模拟(3D 模型+进度/成本)等。BIM 模拟性的特点,能够为管理决策提供更为科学可靠的依据,降低项目风险。

(4) 优化性。建设项目从设计到施工再到运营的全生命周期是一个不断优化的过程。要实现优化,必须基于对现有建设项目信息全面准确地掌握。而现代建筑项目所包含信息的复杂程度大多已经超过了项目参与者本身能力的极限,BIM 及与其配套的各种优化工具使得复杂项目的优化变得便捷、可实现。

(5) 可出图性。这里所说的 BIM 可出图性,并不是指平日里大家所说的建筑设计院所出的建筑设计图纸或构件的加工图纸,而是指在对建筑物进行了可视化的展示、协调、模拟、优化以后,可以帮助业主出综合管线图、综合结构留洞图和碰撞检查侦错报告及建议改进方案等。

(6)一体化性。BIM 容纳了建设项目全生命周期的信息,能够实现贯穿于项目全生命周期的一体化管理。

(7)参数化性。BIM 是通过参数化建模过程而建立的模型,这使得参数与模型间具备关联性,通过调整参数就能实现模型的改变,从而建立和分析新的模型。

(8)信息完备性。BIM 技术可对工程对象进行 3D 几何信息和拓扑关系的描述以及完整的工程信息描述。

2.1.2　BIM 技术的应用

(1) BIM 技术应用领域

BIM 思想源于 20 世纪 70 年代的美国,作为一种全新的理念和技术,受到了国内外学者和业界的普遍关注[81]。近几十年来,学者们对 BIM 的研究经历了由理论研究到问题与障碍的探索性研究再到实际应用研究的变化。随着计算机技术发展的日趋成熟和工业化思想的普及,BIM 技术的应用逐渐从建筑领域扩展到了其他领域。John 等[82]总结了当前 BIM 技术的应用领域,如图 2-1 所示。从图中可以看出,BIM 的应用主要集中于可视化、碰撞检测和建筑设计等建筑领域;此外,在程序研究、制造业、代码评审、设施管理和法律分析等非建筑领域中也有应用。

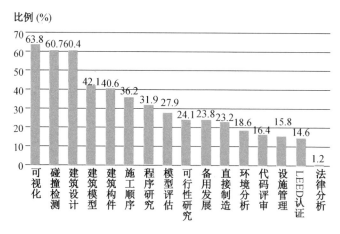

图 2-1　BIM 技术应用领域

针对 BIM 技术应用最广泛的建筑领域,buildingSMART 组织通过文献综述、专家访谈和案例分析等方式总结了 BIM 技术在建设项目各阶段的应用情况,如表 2-1 所示[83]。从表中可以看出,BIM 技术的应用贯穿于建设项目全生命周期。

(2) BIM 技术应用推广障碍

综观国内外各个领域 BIM 技术应用及发展现状可知,阻碍 BIM 技术应用推广的因素主要有以下几个方面[84-86]:

表 2-1　BIM 技术在建设项目各阶段的应用情况

序号	BIM 技术应用	建设项目阶段			
		规划	设计	施工	运维
1	建筑维护计划				√
2	建筑系统分析				√
3	资产管理				√
4	空间管理和追踪				√
5	灾害计划				√
6	记录模型			√	√
7	场地使用规划			√	
8	施工系统设计			√	
9	数字化加工			√	
10	3D 控制和规划			√	
11	3D 协调		√	√	
12	设计建模		√		
13	能量分析		√		
14	结构分析		√		
15	LEED 评估		√		
16	规范验证		√		
17	规划文件编制	√	√		
18	场地分析	√	√		
19	设计方案论证	√	√		
20	4D 建模		√	√	
21	成本预算	√	√	√	√
22	现状建模	√	√	√	√
23	工程分析		√	√	

① 学习成本高。BIM 技术的相关软件对计算机的硬件要求较高,一些中小企业、机构或其他相关部门由于资金实力不够雄厚而不愿意投入大量的资金更新完善硬件设施。

② 缺乏 BIM 技术专业人才。一方面,培养精通于 BIM 技术应用的专业人才需要花费较高的精力和费用;另一方面,要成为精通于 BIM 技术的专业人才,不仅需要扎实的理论基础和丰富的工程实践经验,还应具备良好的决策管理和沟通协调能力。因此,精通 BIM 技术的专业人才仍然比较缺乏。

③ 相关标准体系不够健全。目前,各国 BIM 技术的应用程度参差不齐,相关标准体系各异。但总体来看,各国对 BIM 技术应用标准的制定仍处于初步的研究和探索阶段,尚未建成健全完善的标准体系,以规范指导 BIM 技术的应用,这使得 BIM 技术的推广受到了局限。

④ 缺乏有效的数据信息交互集成机制。工程项目全生命周期过程中会产生大量的工程信息数据,这些数据往往具有不同的数据格式,需要通过有效的数据信息交互集成机制才能实现交互共享。目前由于缺乏有效的集成机制,使得 BIM 技术相关软件的互操作性存在问题,一定程度上阻碍了 BIM 技术应用的推广。

针对上述 BIM 技术应用的推广障碍,要实现 BIM 技术更广泛更深入的应用,应注重加强 BIM 技术专业人才的培养,健全完善相关体制、规范,提高软件兼容性与互操作性[41]。

2.2　运维管理

运维管理是在传统的房屋管理基础上演变而来的新兴行业。近年来,随着我国国民经济和城市化建设的快速发展,特别是随着人们生活和工作环境水平的不断提高,建筑实体功能多样化的不断发展,运维管理成为一门科学,其内涵已经超出了传统的定性描述和评价的范畴,发展成为整合人员、设施以及技术等关键资源的管理系统工程。关于建筑运维管理,国内目前没有完整的定义,只有针对 IT 行业的运维管理定义,即“帮助企业建立快速响应并适应企业的业务环境及业务发展的 IT 运维模式,实现基于 ITIL 的流程框架、运维自动化”。很明显,这一定义并不适合于建筑行业,建筑运维管理近年来在国内兴起一个较流行的称谓——设施管理(FM),国际设施管理协会(IFMA)对其的定义是:运用多学科专业,集成人员、场地、流程和技术来确保楼宇良好运行的活动。人们通常理解的建筑运维管理,就是物业管理,但是现代的建筑运维管理与物业管理有着本质的区别,其中最重要的区别在于它们面向的对象不同。物业管理面向建筑设施,而现代建筑运维管理面向的则是工程维护管理的有机体。

传统的物业管理方式,因为其管理手段、理念、工具比较单一,大量依靠各种数据表格或表单来进行管理,缺乏直观高效的对所管理对象进行查询检索的方式,数据、参数、图纸等各种信息相互割裂;此外,还需要管理人员有较高的专业素养和操作经验。由此造成管理效率难以提高,管理难度增加,管理成本上升。

FM 是 20 世纪八九十年代从传统的设施设备范围内脱离出来,并逐渐发展成为独立的新兴行业,是一门跨学科、多专业交叉的新兴学科。随着新兴建筑、复杂业务的出现及人们对生活环境、生活品质的高标准需求,FM 的对象和范围也发生了变化:从狭义上被理解为管理建筑、家具和设备等“硬件”到广义上扩展为管理基础设施、空间、环境、信息、核心业务及非核心业务支持服务等“软硬件”的结合。而各个机构或个人对 FM 的定义标准仍然不同,但基本思路一致,本研究参照国际设施管理协会(IFMA)的定义,即设施管理通过人员、空间、过程和技术的集成来确保建筑环境功能的实现。这一定义说明了设施管理的四要素，即人员、空间、过程与技术，具体到某一设施可表示为设施内部的用户、设施内部空间、核心业务流程及支持性技术。

北美设施专业委员会(NAFDC)将设施管理分为维护与运行管理、资产管理和设施服务三大主要功能。综上，IFMA 在已定义的九大职能的基础上，于 2009 年通过全球设施管理工作分析，对其范围进行了重新界定，包括策略性年度及长期规划、财务与预算管理、公司不动产管理、室内空间规划及空间管理、建筑的维修测试与监测、保养及运作、环境管理、保安电信、行政服务等。截至目前，这一范围是最为全面的定义，即广义上对设施管理的定义。

在建筑工程运行维护阶段，本书所讨论的最主要的内容包括运行管理、维保管理、信息管理三个方面，是建筑物正常使用阶段的管理。对于建筑资产的增值保值问题，由于篇幅限制暂不做进一步研究，其具体内容划分见图 2-2。

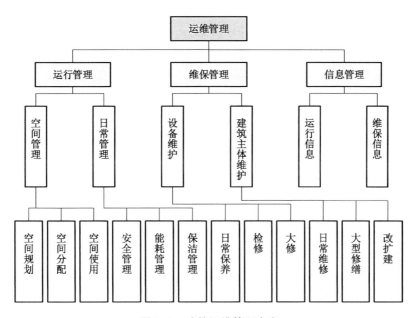

图 2-2 建筑运维管理内容

运行管理包括建筑的空间管理与日常管理两个方面。空间管理主要涉及建筑物的空间规划、空间分配和空间使用，这项工作主要的利益相关者为业主、用户和项目维护方。业主委托项目维护方对建筑的空间进行管理，主要是为了满足用户在建筑使用方面的各种需求，合理规划空间，积极响应用户提出的空间分配请求。项目管理方需要制定空间分配的基本标准，根据不同用户的各种使用需求，分配空间的使用类型和面积，这样在有新用户进驻建筑场所时可以高效地完成空间分配，以提高效能，当然，项目维护方所制定的空间管理标准需要提交业主同意才能实行。日常管理又包括安全管理、能耗管理、保洁管理三个方面。安全管理是在建筑日常维护阶段的一项重要内容，项目维护方在保障正常安保工作有序进行的同时应该制定一套安全管理保障体系，来应对火灾、突发自然灾害、重大安全事故等危害用户生命及财产安全的突发事件,从而与用户和业主形成应急联动的报警系统;能耗管理主要是对建筑物中各类设备设施和人员使用的水、电、气、热等不同能耗数据进行监测、处理、发送等工作,主要由项目管理方进行数据的采集,经过系统分析处理后发送给业主和用户;保洁管理则是项目管理方或者自主或者外包给专业人员对建筑日常运行时的公共区域进行卫生保洁工作,以保障建筑整体卫生整洁。

维保管理包括对建筑主体和设备的维护。建筑主体的维护一般分为日常维修、大型修缮和改扩建三个方面:项目维护方根据建筑物运行的时间定期对主体结构、门窗、外立面等进行维修检查,制订相关日常维修计划并将执行信息反馈给业主;而大型修缮则以消除安全隐患、恢复和完善建筑本体使用功能为重点对建筑进行大修;在现有建筑不能满足用户或业主的日常需求时,由其提出改扩建要求,项目维护方负责具体实施。设备的维护包括设备设施日常保养、定期检修和大修。建筑的日常维修和设备的日常保养均需要项目维护方对房屋易损部位和设备定期开展检查,对涉及公共安全的承重构件和特种设备委托专业检测机构进行安全鉴定,对接近或达到设计使用寿命的构建和设备,开展详细检查,综合判定其完损情况和损坏趋势,及时修复可能存在的故障。而当用户在使用过程中发现任何问题时即向项目维护方报修,由项目维护方委托专业维修方进行维修。

信息管理是建筑运维协同管理中最为重要的部分。在传统意义上的建筑运维管理中各利益相关方只关注自己的工作,相互之间信息交互不及时,存在诸多不利。而协同管理要求各利益相关方将工作信息及时有效地在同一个平台上共享。在建筑运行维护的每个步骤都会产生相关信息,项目维护方根据实际情况制定的空间分配标准、建筑及设备维护维修方案、专业维修方的维修记录、业主及用户的使用需求等信息均需要及时存储,以便各方人员查询。信息管理是融合于运行管理和维保管理的工作中同时进行的。

2.3 利益相关者的内涵及在运维管理中的应用

2.3.1 利益相关者理论概述

20 世纪 60 年代,利益相关者理论(Stakeholder Theory)是在企业管理领域中从"以股东为中心"转化到"其他利益主体"而逐步发展起来的。它的概念最初是由斯坦福研究所(Stanford Research Institute,SRI)于 1963 年提出的,SRI 对利益相关者的定义是:对企业来说存在这样一些利益群体,如果没有他们的支持,企业将停止运行[87]。这一界定方法虽然比较狭隘,但它使人们认识到企业运作的目的并非仅为股东服务,其他利益主体同样关乎企业的生存问题,进一步强调了利益相关者的支持对组织运作的重要性。1965年,Ansoff 将"利益相关者"一词引入经济学领域,他认为"要制定理想的企业目标,必须综合平衡考虑企业的诸多利益相关者之间相互冲突的索取权,他们可能包括管理人员、工人、股东、供应商以及顾客"[88]。之后众多学者致力于利益相关者理论的完善,他们逐渐意识到从"是否影响企业生存"视角界定利益相关者有较大局限性[89]。对此,美国学者 Freeman 于 1984 年在其经典专著《战略管理:利益相关者方法》中对利益相关者给出了较为广泛的定义:利益相关者为任何可以影响或者被影响企业目标实现的团体或个体[90]。这个定义扩展了利益相关者的范围,除影响企业目标实现的个体或团体外,还将受企业目标实现过程中所采取的行动影响的个体或团体视为利益相关者,正式将当地社区、政府部门、环境保护主义者等实体纳入利益相关者管理的研究范畴,大大扩展了利益相关者的内涵。这一定义成为 20 世纪 80 年代后期、90 年代初期关于利益相关者的一个标准定义。

90 年代,研究者们普遍意识到企业的生存和发展离不开利益相关者的支持与参与。经济学家发现不同利益相关者对企业管理决策的影响以及被企业活动影响的程度是不一样的。因此,90 年代中期,许多学者从不同的角度分别给出了各自关于企业利益相关者的定义与分类。而这些方法缺乏可操作性,制约了利益相关者理论在实践决策中的应用。对此,美国学者 Mitchell 于 1997 年提出了一种评分法对利益相关者进行分类与界定,通过利益相关者影响项目的权力性(Power),利益相关者是否被赋予法律或道义上的对于企业的索取权(Legitimacy),利益相关者的要求能否立即引起企业管理层的关注(Urgency)等三个属性对利益相关者进行定量判定[91]。这一分类定量方法大大改善了利益相关者理论的可操作性,许多学者利用这种方法对企业相关群体进行评分,为企业管理决策提供依据。如 Li 等[92]应用 Mitchell 的利益相关者属性计算了大型基础设施建设项目中利益相关者的影响指数;Mikalsen 和 Jentoft[93]研究了挪威渔业企业利益相关者的界定与分类;Olander[87]利用 Mitchell 的利益相关者属性界定了工程项目管理中的利益相关者。

在项目管理领域,一个项目的成功对不同利益相关者的意义是不同的,例如这个项目对于客户来说是成功的,而对于承包商或最终用户来说却是不成功的[94]。在 FM 领域实施决策时,决策者需考虑多个利益相关者的期望与影响,尽力平衡各方利益以便做出各方都同意执行的方案[95]。因此,在涉及多个利益相关者的任何管理决策中,都必然要考虑不同利益相关者的诉求,平衡利益、减少冲突,以保证决策顺利实施。

2.3.2 利益相关者理论应用的必要性

第一,利益相关者存在于运维管理中。建筑设施的"空间"链接于一个非常复杂的系统——工作人员与用户的不同空间需求、用户与管理人员的不同空间诉求。"空间管理"实施需经过收集需求、提供服务、绩效评估与优化等一系列活动或过程,在活动或过程中必然要和若干个个体或组织发生联系,需要利益相关者的参与、支持与付出,相应地又将会给利益相关者带来不同的利益。

第二,利益相关者的利益诉求影响运维管理的开展。由于"不同利益相关者影响管理行为的主动性存在差异"[96],因而会出现多个利益相关者和多种利益诉求的交叉、互动和整合,从而形成一个非常复杂的社会利益关系系统。这种复杂的社会利益关系系统将直接影响空间管理的开展,可能会成为动力亦可能会形成阻力,其内在的影响因素即多个利益相关者的存在、互动、协调或冲突。

第三,平衡利益相关者利益是运维管理顺利开展的必要前提。利益相关者的互动贯穿于整个空间管理过程中,识别利益相关者、厘清不同利益相关者的诉求、落实不同利益相关者的工作分工、输出不同利益相关者的所得利益,是建筑设施落实运维管理不可逾越的关键环节。打通这些环节、高度平衡各方利益、调动参与各方积极性,方能保持空间管理良性运转下去。

第四,运维管理中"空间、用户、业务流程"的集成正是平衡利益相关者利益的初衷。可以说利益相关者理论始终存在于 FM 和空间管理的理念中,所以将利益相关者理论应用于建筑设施运维管理中是适当的,而且是非常必要的。

2.3.3　建筑运维管理利益相关者的定义、识别与分类

建筑工程涉及诸多的利益相关者,根据利益相关者的定义,在本书中将建筑工程项目的利益相关者定义为:在建筑工程项目策划、设计、建造与运营等实现的全生命周期中,对各阶段目标的实现具有影响和在目标实现的过程中被影响的所有内部和外部团体或个人。进而,建筑运维阶段的利益相关者即为能够影响或者被运维阶段管理工作影响的团体或个人。根据利益相关者与项目的不同影响关系,建筑工程项目的利益相关者可以分成主要利益相关者和次要利益相关者。主要利益相关者是与项目有合法的契约合同关系的团体或个人,比如业主方、承包方、设计方、供货方、监理方、给项目提供借贷资金的信用机构等。次要利益相关者是与项目有隐性契约,但并未正式参与到项目的交易中,受项目影响或能够影响项目的团体或个人,比如政府部门、环保部门、社会公众等。

根据上一节的理论研究,总结出了符合建筑工程运维阶段的利益相关者研究的步骤,如图 2-3 所示。具体包括以下步骤:第一,识别建筑工程运行维护阶段的各个利益相关者;第二,对各利益相关者的利益需求进行界定;第三,收集项目利益相关者的信息,明确他们各自在运维阶段的需求内容、紧迫程度以及实现途径;第四,权衡各利益相关者的重要性,区分

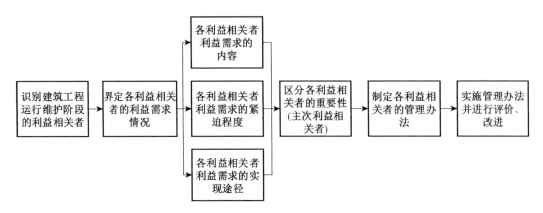

图 2-3　建筑工程运维阶段利益相关者研究步骤

出主要利益相关者和次要利益相关者,综合分析各利益相关者所拥有的核心资源及能力、优势和劣势;第五,制定利益相关者的管理办法,根据不同类型的利益相关者,制定不同的管理策略;第六,实施制定的项目利益相关者管理办法,并对其进行评价和持续改进。

就以上研究步骤对建筑工程运维阶段的利益相关者进行分析。在建筑工程运维阶段,涉及的利益相关者包括各级政府、相关行政部门(如环保、消防等部门)、咨询单位、设计方和施工方、业主、用户、项目维护方、专业维修、项目周边社区、媒体、研究机构等。这些被涉及的利益相关者的需求内容有所不同,其中,各级政府及相关行政部门主要对建筑的使用维护进行一定的监督,在有紧急灾害或重大问题发生时对其进行工作指导;咨询单位、设计方和施工方在建筑运维阶段主要依照业主或项目维护方的需求为其提供咨询服务;业主作为整个建筑工程的所有者主要统筹运维的各项工作;用户作为建筑的使用者,在使用过程中与业主及项目维护方形成紧密的需求关系;项目维护方作为建筑工程运行维护最主要的责任方,对项目的整个维护运行进行管理,主要包括设施维修、设备维护、物业服务、安全保卫等项目;专业维修方根据业主及项目维护方的要求为建筑工程的各项设备设施提供检修服务;周边社区与建筑的使用者之间相互联系、相互影响,在建筑运维阶段主要通过两者的物业方协调其利益关系;媒体主要是在建筑运维过程中发生公众关注的主流问题时做出相应报道。根据其影响关系,主要利益相关者为业主、用户、项目维护方(物业)、专业维修方,次要利益相关者为各级政府、相关行政部门、咨询单位、设计方和施工方、项目周边社区、媒体等。当建筑工程建设完成进入运行维护阶段时,其主要利益相关者之间存在紧密的联系,具体关系网络见图 2-4。本书的研究对象是在既有建筑的基础上讨论各个利益相关者,因此不存在投资者或开发者这类的项目业主,这里的业主是指该建筑的资产所有者;而用户是指通过租赁或业主授权使用该建筑空间的人群;项目维护方是指业主委托的

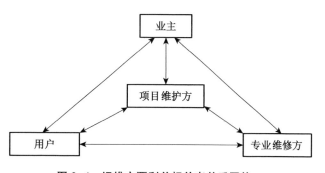

图 2-4 运维主要利益相关者关系网络

全面负责建筑运维阶段各项工作的人,其不但提供物业服务,还为大楼的正常运行提供保障,统筹各种设备及建筑物本身的维修管理工作;专业维修方是项目维护方在提出维修需求时为建筑提供服务的组织。项目维护方作为主要的责任方,与其他利益相关者有着各种利益关系,主要包括在日常管理中为明确房屋的使用功能及使用面积等与业主、用户之间的关系;在房屋维修改造时与专业维修方及设备供应方之间的关系;在房屋运行管理时编制运行维护计划交业主审核发生的关系等。同时,用户在房屋使用过程中发现问题需要与业主联系,业主与项目维护方需保持联系。

显然,这些利益相关者群体结成了关系网络,各相关方在其中相互作用、相互影响。建筑工程项目运维时作为多方利益的综合体,交汇渗透了各方利益的诉求,这些利益诉求

由于各自的独立性,必然存在着各种利益矛盾和冲突。因此,如何协调各利益相关者的利益冲突是建筑工程项目运维阶段利益相关者管理的核心问题。

各利益相关者在运维管理的过程中负责的工作侧重点有所不同,通过文献研究进一步细化运维协同管理的工作内容,并确立各项工作的责任主体,具体分析见表 2-2。

表 2-2　建筑工程运维管理协同责任矩阵

协同内容				协同主体			
				业主	用户	项目维护方	专业维修方
运行管理	空间管理	空间规划	制订规划方案	◇	○	■	
			确定空间功能	△/◇	★	■	
			记录空间布局	◇	○	■	
		空间分配	确定不同用户需求	◇	■	★	
			分配功能空间、确定使用面积	◇	○	■	
		空间使用	用户使用空间、记录空间使用权	△/◇	★	■	
	日常管理	安全管理	日常安保工作	○		■	
			建立应急报警体系	△/◇	★	■	
		能耗管理	记录建筑日常能耗数据	◇	○	■	
			分析反馈能耗情况	◇	○	■	
		保洁管理	公共区域日常保洁	◇	○	■	
			特殊部位保洁(外立面等)	◇	○	■	
维保管理	设备维护	日常保养	编写设备运行规程	◇	★	■	△
			制订保养计划	◇	○	■	★
			日常设备检测保养并记录	◇	○	■	★
		检修	提出报修申请	◇	■	★	
			实施专业维修	◇	○	★	■
			反馈维修情况	◇	■	■	★
		大修	提出大修申请交专业机构评估	○	■	★	◇
			制定大修方案	◇	○	★	■
			实施专业大修	◇	○	★	■
			反馈大修信息	◇	○	■	★
	建筑维护	日常维修	制订建筑日常维修计划	◇	○	■	★
			定期开展维修工作并记录	◇	○	■	★
		修缮	提出修缮申请	◇	■	★	
			实施专业修缮	◇	○	★	■

续表 2-2

协同内容			协同主体			
			业主	用户	项目维护方	专业维修方
维保管理	建筑维护	修缮	反馈修缮情况	◇	○	■	★
		改扩建	提出改扩建需求	■	△	★	
			制订改扩建方案	◇	○	★	■
			实施专业改扩建	◇	○	★	■
			反馈改扩建情况	◇	○	■	★
信息管理	运行信息	空间管理信息	空间位置信息	◇	★	■	
			空间使用者信息	◇/△	★	■	
		日常管理信息	日常安保信息	◇	○	■	
			突发事件处理信息	◇	○	■	
			建筑能耗信息	◇	○	■	
			卫生保洁记录	◇	○	■	
	维保信息	日常维护信息	维修保养方案	◇	○	■	★
			检修大修记录	◇	○	★	■
			大修诊断记录	◇	○	★	■
			维修后运行情况	◇	○	■	★
		参与方信息	主要利益相关者信息	★	★	■	△
			检修方信息	◇	○	■	
			维修设备供应信息	◇	○	■	

注：■—主持；★—协办；△—参与；○—监督；◇—审核。

第3章

基于 BIM 技术的现代化建筑
运维管控综合信息系统设计

3.1 系统设计目标

在对现代化建筑运维可视化管控的需求和信息集成管理现状进行深入分析后,本书在现代化建筑运维管控的基础流程之上,以提高相关业务的管理水平和减少人力和物力资源浪费为目的,设计了基于 BIM 技术、具有三维可视化演示功能的现代化建筑运维管控系统平台,该系统可以提供现代化建筑运维虚拟展示功能,降低传统文档管理业务的劳动强度,提高信息化管理的效率。

现代化建筑运维管控综合信息系统本着注重理念、服务用户、功能实用和易学易用的目标来进一步分析系统的完备性和实用性,进而降低管理平台的开发成本与维护费用。在具体实施中,需要对现代化建筑运维管控全流程的各类数据进行分析与组合使用,建立完善的适合 BIM 应用的数据组织格式和功能结构。具体地讲,就是分析与研究现代化建筑运维管控信息的关系与内涵,结合 Web 技术、BIM 技术、数据库及软件开发等先进技术及理论,以理论分析与实证研究相结合的研究方法,提出可以实现可视化应用的现代化建筑运维管控系统的数据库模型和功能框架模型,同时要确保所研制的系统具有较高的稳定性、可维护性和功能可扩展性。

在系统设计目标上,本系统主要具备以下功能:

(1)系统操作简单

系统综合考虑了当前国内外现代化建筑运维管理研究的特点,改变了当前房产管理系统软件操作复杂、功能不全等现状。在系统开发过程中,将全生命周期管理中不同业务类型作为设计的目标和对象,以 Windows 系统作为运行平台,建立了和管理人员熟悉的业务过程相匹配的操作界面,让该管理系统更具有实用性。

(2)软件具有强扩展性

在系统设计上打破了传统的开发模式,以全局化设计、可扩展化、平台化、参数化的思想作为指导。由于系统在设计上运用了构件化和层次化,并提供了系统扩展接口,给未来系统的扩展升级提供了良好的保证。

（3）系统具有强实用性

系统中的各种功能都是根据现代化建筑运维全生命周期管理的实际业务的需要而设计的，目的是让开发出的管理系统更能满足相关部门在管理上的需求。系统的开发是借助成熟的开发平台和开发工具，并吸收相关行业管理系统的成功开发经验，设计、开发适合企业自身特点的、符合企业实际需求和未来发展方向的，功能完善、扩充灵活、安全可靠的管理系统。

3.2 系统总体功能设计

本系统的开发不仅要重点体现现代化建筑运维源的虚拟显示，还要顾全全生命周期流程所涉及的管理功能，因此本系统根据本书第 2.2 节建筑运维管理的实际需要，主要分为基本资料（产源）管理、用户管理、业务管理、虚拟演示以及系统管理这几个大的模块。

3.2.1 产源管理

房源管理指现代化建筑运维的所有的产源信息，包括房产所在区域的地理位置信息，区域内部和相关配套设施设备的信息，产源所涉及的楼层、房型、朝向、房产面积等产源的参数。需要对这些信息进行增加、删除、统计、查询以及房屋信息的更新操作等。

因为本系统使用 Web-BIM 系统对产源所在区域进行定位显示，为用户提供直观的可视化位置查看功能，所以 Web 系统所需要的地理空间数据就必须保存在系统的后台数据库中，以供管理人员和用户使用。配套信息管理是管理现代化建筑运维配套设施设备的信息维护工作。另外，管理过程中产源关键参数需要进行定时维护，新增现代化建筑运维的具体参数要新增到系统中，已经维护、装修、更新的房产要转换实时状态，所以产源的参数维护和变更管理功能是最基础、最重要的功能。

最后，管理人员还需要能及时地得到房产产源信息的统计和查询信息，方便管理人员工作业务的进度安排和明确下一步的工作方向。产源管理的功能结构图如图 3-1 所示。

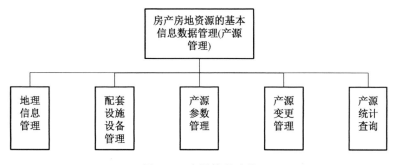

图 3-1　产源管理功能

3.2.2 用户管理

用户即现代化建筑运维业务的参与者，这个功能将用户分为临时用户、一般用户、指定用户以及高级用户。在系统中,对不同类别的客户提供不同侧重点的管理。比如临时客户是由于在一定时间段内需要访问系统的用户,其账户具有时效性。一般用户是指在相关性较强的部门中较频繁使用系统的用户,其账户长期有效,基本可以使用系统的正常功能。指定用户是指针对某些有特定需求的用户,其工作可能只涉及平台系统的某一个或几个特定功能,可以为其账户单独进行设定,使其在正常使用过程中只能用这几个功能。高级用户是指系统中的管理员级用户,其可以对系统内的账户进行管理、权限设定、后台操作等。对不同用户的信息都需要完成增加、删除、修改、查询等基本操作。

3.2.3　业务管理

此功能是本系统的核心管理部分,目的是根据现代化建筑运维管控业务的全生命周期流程,实现高效管理和严密控制,以用户业务为中心,大大地提高运作效率和对管理业务进程的掌控能力。根据运维管理发展现状以及实际的业务需求,对本功能进行详细的划分。用户通过登录系统可以实现资产信息的维护与批量处理功能,各部门间能够实现数据共享与交换,在保证安全性与保密性的前提下,具有较高的扩展性与可维护性。本功能的模块项目划分如下:

■ 模块一:资产台账管理

功能:资产文档管理、资产台账维护、资产登记管理、资产条码管理、资产物料清单(Bill of Materials,BOM)维护、资产类别维护。

■ 模块二:资产可视化管理

功能:Dwg 文件管理、可视化配置管理、可视化查询管理、资产地理信息管理。

■ 模块三:资产处置管理

功能:资产评估管理、资产调拨管理、资产报废管理、资产出售管理。

■ 模块四:资产使用管理

功能:资产使用申请、房屋租赁管理、使用功能变更、资产统计管理。

■ 模块五:资产运维管理

功能:设备点检保养管理、设备检修管理、设备运行管理、设备维修管理、设备定检管理。

■ 模块六:资产价值管理

功能:固定资产折旧、资产原值、资产卡片编号。

■ 模块七:资产采购管理

功能:资产申购管理、资产采购管理、资产安装调试、资产验收入库。

■ 模块八:在建工程管理

功能:项目申请管理、项目审批管理、项目实施管理、项目监控管理。

模块结构如图 3-2 所示。

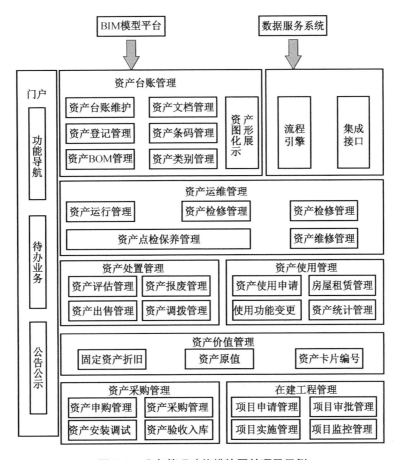

图 3-2　业务管理功能模块图某项目示例

3.2.4　虚拟演示

本系统之所以称为三维可视化现代化建筑运维管控综合信息系统,就是提供了通过虚拟现实技术和 BIM 技术实现三维房产管理功能,通过系统建立的三维立体化的模型空间对现代化建筑运维有全方位的认识和了解。此功能结构图如图 3-3 所示。

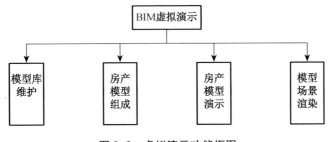

图 3-3　虚拟演示功能框图

其中,模型库维护功能主要是对 BIM 演示模型进行增加、修改、删除的基本操作,和后台数据库一起保存需要使用的 3D-BIM 模型。本系统在此虚拟漫游功能中使用与维护最基本的 3D 模型,如某一单元房型由几间基本的房间组成,那么就保存组成单元房型的各个单元的 3D 模型。另外,维护多种类型的 3D 模型,如保存多种功能型房产的 3D 模型,在合成不同的单元房型时选择使用,可以生成多种房型。

房产模型组成功能是在当前模型库的基础上,完成现代化建筑运维各个组成部分如建筑构部件、附属设备设施的单独提取与展示,生成各种组成部分的单独三维模型。这个功能让使用者选择各类建筑构成与设备设施的基础 3D 模型,并确定其相互的连接位置,组成所需的房型总体模型。由于本虚拟演示功能是在 Web 页面进行展示的,考虑到互联网模型文件的传输问题,除了基础的 3D 模型文件外,其他的房产所在区域外环境模型、整栋房屋等大型 3D 模型文件采取本地传输基本模型,到用户的客户端使用连接关系数据再组装成大型 3D 模型的方法,来完成大场景的视频模拟的漫游和展示功能。

现代化建筑运维三维演示功能完成用户所选择的三维展示,同时三维演示功能可以提供多种可视化效果演示供使用,包括变换观察角度、旋转查看、缩放查看、基本参数显示功能。

外部场景漫游能为使用者提供浏览和观看全部场景的功能,可以按照不同的漫游方式对虚拟模拟的区域环境场景进行观测,为管理者提供更多的依据。在这个功能中,场景的昼夜光源的变化和角度的演示是极其重要的需求,也是系统开发漫游功能的一个难点。

3.2.5 系统管理

系统管理子模块的功能主要包括售房工作人员管理、会员客户管理、网站维护管理、系统日志等功能。和一般的 Web 网站类似,本系统也是基于 Web 的应用系统,需要对服务器端进行有效的系统管理。

3.3 技术架构

3.3.1 总体技术架构

目前,常用的网络应用模式主要有"浏览器—服务器(Browser-Server,BS)"模式、"客户端—服务器(Client-Server,CS)"模式及"点对点(Peer-to-Peer,P2P)"模式三种,它们有着各自的特点和应用范围。

由于 BIM 平台需要以三维图形作为最基本的表现,对客户端的图形表现有较强的需求,且三维模型数据量极其巨大,模型变换和渲染所需的计算量也很大,不适合全部放在服务器端处理。此外,在统计分析等需要图表进行显示方面,CS 结构的客户端表现能力更加符合 BIM 平台的要求。

BIM 平台的系统架构为典型的 CS 结构,服务器端配置路由器、防火墙以及 SQL Server 服务器一台,负责提供数据存储、访问和管理等服务。客户端是可连接入网络的个人计算机,以及支持无线网络传输的手持终端。

3.3.2　BIM 数据库架构

基于 IFC 标准的 BIM 数据库,用一种全局通用属性表方法(主要设备和材料的属性页面使用的属性字段是全局设定),建立了一个囊括全生命周期数据的数据库。开发了便捷、安全可靠的数据接口,能满足市面上绝大多数的设计和管理平台的数据需要,也能满足各种个性定制平台的数据需要,是 BIM 平台运维管理系统的后台数据中心。

参考 IFC 标准体系,将实体和关系区分,项目数据库中数据表总体分为元数据表和关系表两类。元数据表包括三维模型信息、基本信息、维护维修信息、紧急预案信息、项目环境信息、版本日志信息等六个模块。关系表又分为项目级和专业级等层次。

3.3.3　知识库架构

(1)图纸管理

图纸管理中包含了与项目相关的所有图纸,按照图纸的不同用途以及所属不同的专业进行分类管理,同时实现了图纸与构件的关联,能够快速地找到构建的图纸。同时实现了三维视图与二维平面图的关联。用户通过选择专业以及输入图纸相关的关键字,可快速地查找图纸,并且打开图纸。

(2)培训资料与操作规程

知识库中储存了设备操作规程、培训资料等,当工作人员在操作设备的过程中遇到问题时,可以在系统中快速找到相应的设备操作规程进行学习,以免操作出错导致损失,同时在新人的培训以及员工的专业素质提升方面也提供资源支持。

(3)模拟操作

模拟操作是通过动画的方式更加形象、生动地去展现设备的操作、安装以及某些系统的工作流程等,同时其在内部员工的沟通上也有很大的帮助。模拟操作设置方式:添加模拟操作的名称,为该模拟操作设置构件模拟顺序。

3.3.4　技术性操作

(1)信息检索

信息检索功能让用户快速找到需要了解的当前系统的构建信息、图纸信息、备品信息、附件信息等,从而更加清晰地掌握项目的规模以及项目当前的信息情况,并且可以导出数据报表。

(2)关联查询

BIM 平台系统中的所有信息都形成一个闭合的信息环。即通过选择建筑构件、设备设施等可快速查询与其关联的所有信息和文件,这些文件包括图纸、备品、附件、维护维修日志、操作规程等。闭合的信息环为管理人员掌握和管理所有的设备和海量的运维信息提供了高效的手段。

（3）统计分析

系统中存储和管理着海量的运维信息，而统计分析功能则可以让管理人员快速地获取有用的和关键的信息，直观地了解到各个系统或各个构件当前的运行状况，为项目管理提供数据支持。为了让用户更好地进行数据对比，系统提供了直方图、饼图、bar 图、线图、球图等统计图表的方式供用户选择。

3.4 关键技术

3.4.1 BIM 技术

BIM 技术是数字模拟技术在项目实际工程中的直接体现，解决了软件对实际房产项目的描述问题，为管理人员提供了需要的信息，使其能够正确应对各种信息，同时为协同工作的进行做好铺垫。建筑信息模型支持房产项目的集成化设计与管理，大大提高了工作效率并减少了风险。

3.4.2 异构信息传递共享技术

本系统改变以往软件"各人自扫门前雪"的风格，将诸多相关软件的功能进行有机结合，并设计了一套"一次建模、全程受益"的信息传递路径，使得不同公司的软件功能可以利用同一个模型进行多次实现，免去了以往繁琐的重复劳动过程，最大化地减少了人工的工作量，真正达到了集成管理所倡导的信息化数据传递。

3.4.3 现代化建筑运维集成管理系统与 Web 平台的集成技术

本项目将现代化建筑运维集成管理系统与 Web 办公平台进行有机集成。由于模型的可复制性特点及 Web 网络管理平台的实现，可以使得诸多项目参与方都有权限对自己所负责的模型的相应部分进行变更，并能够以最快的速度得到模型每一次变更的相关信息，免去了传统信息传递的时间，真正达到项目变更与项目管理的无缝对接，实现多方协同管理的效果，减少时间、人力、物力的消耗，提高项目管理的效率。

3.4.4 数据交互技术

数据交互技术是指两种或者两种以上的不同数据格式实现互相转换，进而实现不同平台的信息共享使用。本项目平台开发过程中所用到的数据交互技术是基于两种思路的：一种是通过对不同格式数据的结构分析，设计数据转换的数据接口，形成插件或者软件，实现数据交互；另一种是通过不断的实验和软件支持数据格式总结，通过中间数据格式进行数据转换，进而实现数据交互。

3.4.5 Web 应用技术

Web 技术是 Internet 的核心技术之一，它实现了客户端输入命令或者信息，Web 服务器响应客户端请求,通过功能服务器或者数据库查询,实现客户端用户的请求。本平台的开发主要运用了 Web 技术中的 B/S 核心架构。B/S 架构对客户端的硬件要求很低,只需要在客户端的计算机上安装支持的浏览器就可以了,而浏览器的界面都是统一开发的,可以降低客户端用户的操作难度,进而实现更加快捷、方便、高效的人机交互。

3.5　系统平台总体架构

3.5.1　网络结构体系

　　一个数据库服务器,一个 Web 服务器,一个 GIS 服务器,一个防火墙,一部光纤路由器,根据部门级网点数量配置若干部门级交换机,政府部门的若干个服务器,根据员工人数配备若干个工作 PC(图 3-4)。

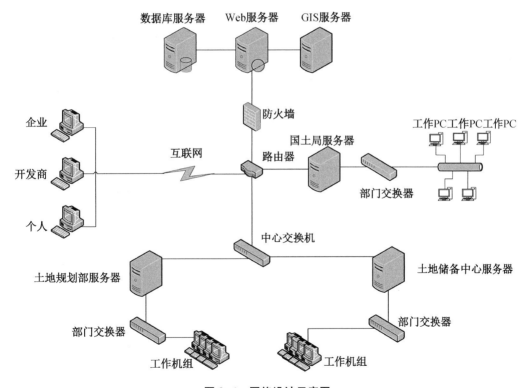

图 3-4　网络设计示意图

　　为了满足数据收集、数据分析、辅助决策、信息查询等功能的要求,建议采用 Client/Server 和 Browser/Server 结合的方式,以 C/S 结构为主,辅之 B/S 结构的混合结构可以很好地满足管理需求,将系统建成资源共享又可灵活延展的实用 GIS 系统。

　　网络协议:TCP/IP

　　网络操作系统:Windows Server 2008

3.5.2　硬件配置

（1）服务器配置

① 数据库服务器配置：

- CPU：Xeon X5560　2.8 GHz
- 内存：8 GB DDR3
- 硬盘：500 GB（7200rpm SATA2.0）
- 网络控制器：集成双千兆网卡
- 服务器结构：2U
- RAID 模式：H700 512 MB 缓存

② Web 服务器配置：

- CPU：Xeon E7-4807　1.86 GHz
- 内存：32 GB DDR3
- 硬盘：2 TB（7200rpm SATA2.0）
- 网络控制器：1GbE NC375i 四端口网卡
- 服务器结构：4U
- RAID 模式：M5110E RAID 0，1

（2）计算机配置

- CPU：Intel Core i5 3470
- 内存：DDR3-1333 4 G
- 硬盘：7200rpm SATA2.0 500 G 32 M
- 网卡：10/100Mbps 自适应以太网网卡

3.5.3　软件选择

- 服务器操作系统：Windows Server 2008
- 工作 PC 操作系统：Windows 7
- 数据库软件：MySQL
- 开发工具：PHP
- 运行环境：Apache ＋ PHP ＋ MySQL

3.6　后台数据库设计

3.6.1　Web-BIM 系统编码数据分析

面向 Web-BIM 的现代化建筑运维管理信息系统中的房产信息编码标准以公共信息模型为基础，实现自适应统一编码。该体系架构主要由数据层、模型驱动层、编码层组成，如图 3-5 所示。数据层通过适配层(提供多种数据接入方式)实现多数据源的接入,构建统一编码库。模型驱动层是以资源描述框架为中心开展系统模型建设。编码层建立在模型驱动层之上,包括编码规则定义、编码生成、编码校验、编码发布。

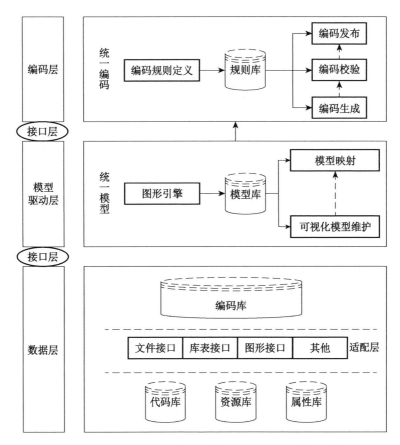

图 3-5　现代化建筑运维全生命周期管控 Web-BIM 平台编码体系结构

采用上述框架设计实现的编码体系具有如下优势:采用模型驱动层的设计可以适应不同系统之间的差异,并能自动升级,实现差异系统的统一建模;编码库、模型库和规则库分层设计,使得整个编码体系能灵活适应各种应用环境,而且这种松耦合性的设计有利于系统的移植和维护;基于统一模型的统一编码体系标准,具有很好的通用性和可扩展性。

(1) 编码对象分类

基于模型驱动层,抽象出现代化建筑运维及附属设备资源之间的层次关系。根据系统资源的层次关系以及实际应用需求,可将常用编码对象分为如下三种类型:

① 枚举型:通过罗列所有的实例,实现编码,如所属部门、资产类型等。

② 层级关系型:这类对象的编码依赖于父类对象,它体现的是对象之间的包容关系,如发电机设备等。

③ 拓扑关系型:这类对象的编码依赖于拓扑上的相邻对象,它体现的是对象之间的拓扑关系,如负荷等。

（2）编码规则

基于统一编码体系遵循面向对象的方法，编码体系中任何一种对象的编码信息都由对象对应的属性唯一确定，编码信息部分或全部分布在对象的属性值上。通过这种属性约束的方式进行编码设计，可以实现对象的属性信息和对象编码相互校验，从而确保了编码的准确性。

针对不同的编码对象，编码方式不尽相同。对于枚举型对象，编码方式比较简单，直接以英文名（或者字母缩写）为编码。对于层级关系型和拓扑关系型对象，编码主要由路径编码、局部编码以及类型编码三部分组成，各部分之间用连接符表示。

各种应用场合可能需要的编码信息不尽相同，因此，系统应允许对编码的规则进行自定义。编码规则不要求私有系统按照定制的规则进行系统设计。各个私有系统按照标准进行模型封装后，提供约束属性即可，这样可以有效地解决遗留系统的编码问题。

（3）编码生成和校验

编码生成、校验及发布以编码库、模型库和规则库为基础。编码库和规则库之间通过模型库进行交互。

① 编码生成模块

编码生成模块首先从规则库中获取编码对象的约束属性，然后通过模型库从编码库中获取相应的属性值，最后生成编码。编码生成顺序依赖于对象类型，如图 3-6 所示。

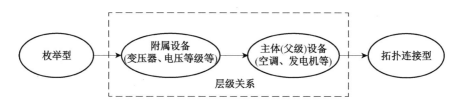

图 3-6　现代化建筑运维全生命周期管控 Web-BIM 平台编码生成过程

② 编码校验模块

编码校验模块主要包括唯一性校验、编码校验、规范性校验以及编码修正等功能，如图 3-7 所示。唯一性校验负责校验编码的唯一性；编码校验负责校验生成的编码是否符

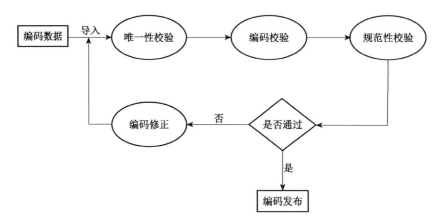

图 3-7　现代化建筑运维全生命周期管控 Web-BIM 平台编码校验流程

合规范;规范性校验保证生成的编码遵循 XML 标准。其中,编码校验功能依据编码生成顺序进行依次校验。

③ 编码发布模块

编码发布主要包括可视化编码展示以及 XML 标准文档发布。

本系统所需要存储的数据分为用户类数据、3D 模型类数据、产源类数据、业务类数据等四大类数据。

3.6.2　用户类数据管理表

用户类数据包括公司内部工作人员(包含各相关部门人员)和公司外网指派用户两部分,内部工作人员又分为一般用户、指定功能用户和高级管理用户三种类型。保存人员信息所需要的数据库表的格式如下:

表 3-1　公司内部工作人员管理表

字段名	数据类型	功能描述
id	int	员工编号
name	char(20)	员工姓名
sex	int	性别编码:0=男,1=女
age	int	年龄
p_id	char(15)	员工身份证号码
depart_id	int	所属部门编号
type_id	int	0=supervisor,1=后勤,2=财务,3=基建
level	char(20)	本人的工作级别
power_id	int	对本系统功能的使用权限编码
deploy_time	datetime	参加工作的时间
remark	nvchar(500)	备注

表 3-2　外部指派用户资料管理表

字段名	数据类型	功能描述
c_id	int	客户编号
c_name	char(20)	客户姓名
c_sex	int	性别编码:0=男,1=女
c_age	int	年龄
c_p_id	char(15)	客户身份证号码
depart_id	int	所属单位编号

续表 3-2

字段名	数据类型	功能描述
c_type_id	int	1＝相关业务 1，2＝相关业务 2，3＝相关业务 3
house_id	int	相关现代化建筑运维编码
house_type_id	int	房产类型
c_work	char(200)	用户工作性质
c_phone	char(20)	联系电话
c_mail	char(50)	联系 e-mail
remark	nvchar(500)	备注

3.6.3　BIM 模型类数据管理表

本系统使用由基础 3D BIM 模型组织基本类型结构，进而组成大型房屋 3D 模型和其他区域 3D 景观模型的方法来构建现代化建筑运维整体场景模型，这样可以以房型、房屋或整体区域为目标进行漫游。

使用基础模型管理表存储最基本的 3D 模型文件的信息，使用房型模型管理表保存房型的组织结构关系，使用房屋场景模型管理表保存整栋楼的组织结构关系，最后使用区域模型管理表保存整个区域的房屋位置和组织结构关系（表 3-3 至表 3-9）。

表 3-3　基础模型管理表

字段名	数据类型	功能描述
mb_id	int	基础模型编号
mb_name	char(20)	基础模型名称
mb_type_id	int	模型大类编码，含使用功能、附属设备设施、周边环境等
mb_childtype_id	int	大类模型的子类别编码：如 01＝会议，02＝办公室，03＝储藏室等
mb_file_name	char(20)	3D 模型文件的文件名（服务器端）
mb_file_path	int	3D 模型文件的所在路径（服务器端）
mb_file_size	float	3D 模型文件的大小，以 K 为单位
mb_geo_length	float	3D 模型长度，单位：米
mb_geo_width	float	3D 模型宽度，单位：米
mb_geo_height	float	3D 模型高度，单位：米
remark	nvchar(500)	备注

表 3-4　房产类型模型管理表:主表

字段名	数据类型	功能描述
mh_id	int	房产类型模型编号
mh_name	char(20)	房产类型模型名称
n_model	int	使用基础子模型数目
remark	nvchar(500)	备注

表 3-5　房产类型模型管理表:从表

字段名	数据类型	功能描述
id	int	主键编码
mh_id	int	主类型模型的编号
mb_order_id	int	子类型模型的顺序号
p_x	int	以左上角为准的三维位置序号:x 轴
p_y	int	以左上角为准的三维位置序号:y 轴
p_z	int	以左上角为准的三维位置序号:z 轴
p_angle	float	沿 x 轴的方向角
p_scale	float	缩放比例
remark	nvchar(100)	备注

表 3-6　房屋模型管理表:主表

字段名	数据类型	功能描述
m_build_id	int	主房屋模型编号
m_area_id	int	房屋所属商品房小区编号
mh_name	char(20)	主房屋模型名称
n_level	int	整栋房屋的楼层数
geo_x	float	相对于在所属小区(左下角)的位置:x 轴
geo_y	float	相对于在所属小区(左下角)的位置:y 轴
geo_length	float	模型长度,单位:米
geo_width	float	模型宽度,单位:米
geo_height	float	模型高度,单位:米
geo_angle	float	方向角
remark	nvchar(500)	备注

表 3-7　房屋模型管理表:从表

字段名	数据类型	功能描述
m_area_id	int	主区域编码
m_build_id	int	主房屋模型编号
mh_id	int	所用房型子模型的编号
mh_order_id	int	房型子模型的顺序号
p_x	int	以左上角为准的三维位置序号:x轴
p_y	int	以左上角为准的三维位置序号:y轴
p_z	int	以左上角为准的三维位置序号:z轴
p_angle	float	沿x轴的方向角
p_scale	float	缩放比例
remark	nvchar(100)	备注

表 3-8　区域场景模型:主表

字段名	数据类型	功能描述
m_area_id	int	区域场景编号
m_area_name	char(20)	区域场景模型的名称
geo_level	int	显示图层层数
geo_x	float	相对于在所属区域的位置:x轴
geo_y	float	相对于在所属区域的位置:y轴
geo_length	float	区域场景模型长度,单位:米
geo_width	float	区域场景模型宽度,单位:米
geo_height	float	区域场景模型高度,单位:米
geo_angle	float	区域场景方向角
base_model_id	int	最底层场景(最底层统一的纹理模型)
remark	nvchar(500)	备注

表 3-9　区域场景模型:从表

字段名	数据类型	功能描述
id	int	主模型编码
m_area_id	int	区域场景编号
m_type_id	int	场景内子模型类型:0=基础,1=房屋

续表 3-9

字段名	数据类型	功能描述
m_id	int	子模型的编号
m_order_id	int	子模型的顺序号
p_x	int	三维位置序号:x 轴
p_y	int	三维位置序号:y 轴
p_z	int	三维位置序号:z 轴
p_angle	float	沿 x 轴的方向角
p_scale	float	缩放比例
remark	nvchar(100)	备注

第4章

房屋产权（产籍）管控可视化系统设计

4.1 房屋产权(产籍)管控可视化系统需求分析

4.1.1 产权(产籍)管控业务流程

建筑物产权(产籍)管控工作覆盖了现代化建筑运维从初期规划到报废退役的全生命周期的各个阶段。建筑物产权管控最基本的任务是依法确认房屋的产权归属,并保护房屋权利人的合法权益;产籍管控工作需要对全生命周期产权档案、簿册、表卡等资料进行统计管控。建筑物产权(产籍)管控业务流程如图 4-1 所示。

① 规划可研阶段:通过项目初步规划和可行性研究,完成项目立项。

② 土地征用阶段:若为划拨项目,先向规划管理部门提出建设用地规划申请,取得《建设用地规划许可证》后,再向土地管理部门申请用地,取得《国有土地使用权证》;若为协议出让项目,先签订土地出让合同,并取得《国有土地使用权证》,再向规划管理部门提出规划意见,并领取《建设用地规划许可证》。

③ 计划设计阶段:先向规划管理部门提出工程规划申请,并取得《建设工程规划许可证》,再向建设部门提出工程施工申请,并取得《建筑工程施工许可证》。

④ 采购施工阶段:上述阶段应办理的各项证书均取得后,方可开始建设施工,待施工完成,项目竣工验收交付后,向房地产行政管理部门申请权属初始登记,领取《房屋所有权证》。

⑤ 运行检修阶段:项目运行过程中,如发生修缮改造,并与《城市房屋权属登记管理办法》中所列情况相符合的,需向房地产行政管理部门申请变更登记。

⑥ 技改报废阶段:项目报废后,如有房屋灭失、土地使用年限届满、他项权利终止等情况,需向房地产行政管理部门申请注销登记;同时,将项目全生命周期各阶段产籍信息进行汇总,以便进一步实现产权(产籍)管控信息化和可视化。

建筑全生命周期产权(产籍)管控的核心是对与产权相关的信息流的管控,结合项目全生命周期的规划、建设、运行和退役过程中实物流的变化,实现现代化建筑全生命周期的成本降低和效能提高,从而对价值流进行有效管控。即通过实现"实物流、信息流、价值流"三流合一,使得项目全生命周期效益最优。

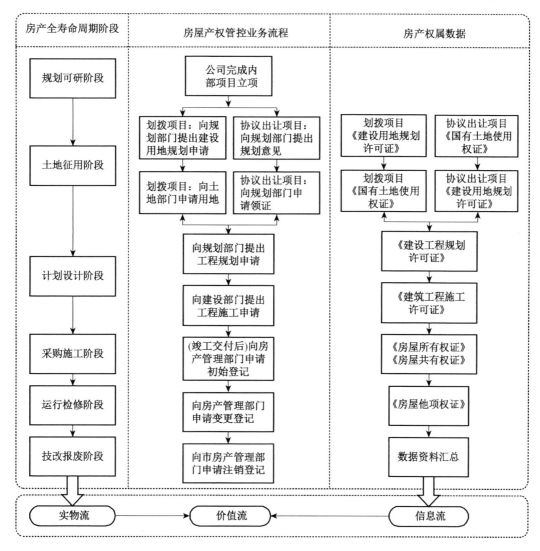

图 4-1　全生命周期产权管控业务流程

4.1.2　产权(产籍)管控模式

结合上述建筑物产权(产籍)管控数据和管控业务流程的分析,提出产权(产籍)管控模式,如图 4-2 所示。

① 项目前期阶段,在开展报批报建、规划设计等工作的过程中,收集设计资料和相关房产资料,进行信息备案。

② 项目施工过程中,将设计资料中的属性信息和施工图等信息入库,分别构建属性数据库和图形数据库,并实现二者的关联;同时实现数据库信息与项目 BIM 的映射,设计产权(产籍)可视化管控信息系统。

③ 项目竣工验收交付后,可申请房屋权属登记,并将相关产权信息及时入库。

④ 项目运维阶段会产生相关的物业等维护资料,需及时入库;此外,如有申请变更登

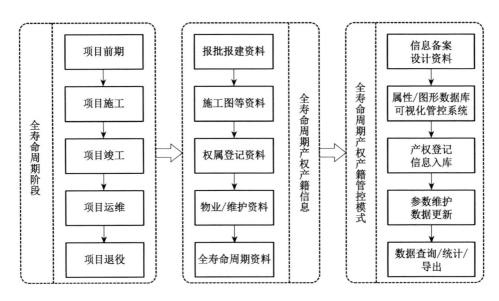

图 4-2　全生命周期产权(产籍)管控模式

记,也需及时将相关产权数据入库。

⑤ 全生命周期过程中,可视化管控系统的管理者需要及时进行信息入库完成数据更新,同时需要对系统定期进行参数维护;管理者和用户可以对系统中的产权(产籍)数据进行可视化的查询、统计和导出等操作。

4.1.3　平台业务模式需求分析

建筑物产权是权利人依法对其所有的房地产享有的占有、使用、收益和处分的权利;产籍是记载房地产产权性质、权源、产权取得方式、界址,以及土地和建筑物使用状况等为主要内容的专业图、薄、册的总称。产权(产籍)管理包括产权登记和产籍管理两部分。

产籍调查可以审查和确认产权的归属,收集和掌握各种产权档案资料,核实房产的权属和利用状况,调查按编号划分权属单元为单位进行,从而对建筑物运维实行有效管理。

(1) 产籍调查

产籍调查是利用已有的土地信息、建筑物实体信息、影像信息等,以及有关产籍资料,按"房屋调查表"项目,以权属单元为单位逐项、实地进行调查,为确定房屋权属提供可靠资料。现代化建筑运维产籍调查分为产籍调查和用地调查,具体内容描述如表 4-1 所示。

表 4-1　产籍调查内容及表述

产籍调查	内容	描　　述
房产产籍调查	房屋坐落	房屋所在街道的名称和门牌号
	产权人	房屋所有权人的姓名
	产别	根据建筑物产权性质和管理形式不同划分不同类别
	用途	房屋的目前实际用途,目前大致分为 7 类

续表 4-1

产籍调查	内容	描 述
房产产籍调查	产权性质	对建筑物产权进行分类,分为 3 类
	总层数	指室外地坪以上的层数,地下室、假层、附层(夹层)、阁楼(暗楼)、装饰性塔楼以及突出层面的楼梯间、水箱间不计层数
	所在层次	指本权属单元的房屋在该幢楼房中的第几层
	房屋建筑结构	根据建筑材料来划分的类别
	建成年份	指房屋实际竣工年份
	房屋墙体归属	指房屋四周墙体所有权的归属,应分别注明自由墙、共有墙和借墙
	权源	指建筑物产权取得的方式
	房屋权界线	指房屋权属范围的界线,以产权人的指界与邻户认证来确定
房产用地调查	用地坐落	用地所在街道名称及道路名称
	产权性质	用地的产权性质按土地的所有权分
	用地等级	指经土地分等定级以后确定的土地级别
	用地税费	指用地人每年向土地管理部门或税务机关缴纳的土地使用费和土地使用税
	用地人和用地单位	用地人和用地单位所有制性质的调查要求同房屋调查
	用地权源	是指取得土地使用权的时间和方式
	用地四至	指用地范围与四邻接壤情况
	房屋用地范围示意图	是以用地单元为单位绘制的略图,主要反映房屋用地位置、四至关系、用地界线、共用院落的界线,以及界标类别和归属,并勘丈和注记用地界线边长

建筑产权性质可以分为全民所有(国有)、集体所有两类;房产产别划分为两级类别,一级为直管公产、单位自管公产和其他产 3 类,二级是在一级分类的基础上再细分为 11 类;房屋建筑结构具体分为钢结构、钢和钢筋混凝土结构、钢筋混凝土结构、混合结构、砖木结构、其他结构等 6 类;一幢房屋有两种以上建成年份,应以建筑面积较大者为准;房屋权源主要包括新建、交换、买卖、调拨、改造等方式;用地产权性质分为国有和集体所有两种;用地四至一般按东、南、西、北方向注明邻接地块名称。对地域范围内的一些特殊房屋如结构简陋破烂不堪的、临时性的、无实用价值的、正在拆除的房屋和不属于房屋的各种建筑物等,不属于房产登记范围内,可在建筑物属性中注明。

（2）房产产权登记程序

房产登记包括初始登记和变更登记,从查验证件、勘丈绘图、产权审查、制作权证到最后收费发证要经过五个环节。其中,查验证件是填写确认建筑物产权的真实性与合法性,主要内容包括:①权利人情况及房产状况;②产权审查情况;③房产四面墙体边界情况。

实地勘丈是以房产产权人为单位,对房地产情况逐处进行实地勘察,包括查清房产现状、核实墙界与归界、测算房屋面积等。在此基础上绘制房屋分户平面图,修正房屋平面图,为产权审查提供依据。

产权审查是审查建筑物产权来源是否清楚,产权转移是否合法,有关事项记载是否完备,为最终确认建筑物产权把关。

房产实体和权利人是产权(产籍)管理的两个基本对象,房产总是位于一定宗地、一定房屋、一定楼层上的某一单元,楼盘和宗地属于能在城市平面空间上直接表达的空间对象,可以利用房产地形图、平面图来表达,而楼层中的每户单元需要借助分层平面图来表达。权利人对象及产权关系对象是非空间对象,需要借助属性关系进行表达。权利人对房产的产权关系包括所有权、使用权以及他项权利等关系。同一房产既可以为一个权利人所独有,也可以为多个权利人所共有,共同拥有建筑物产权的权利人之间必须明确每个权利人分摊的相应房屋所有权面积。房屋是交易权属登记管理的最基本信息,它是由占有同一块宗地的若干单元房组成,为了便于管理系统把房屋集合成房屋,房屋中的房屋包括房屋的基本属性和权属登记等管理信息,图4-3是建筑物产权信息示意图。

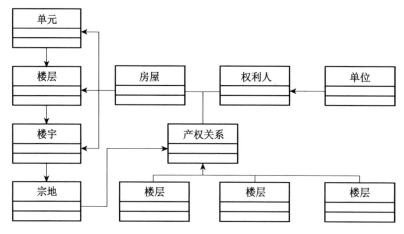

图4-3　建筑物产权信息示意图

产权登记是房籍调查的后续工作,要进行建筑物产权登记必须进行房籍调查;房籍调查为建筑物产权登记提供依据。房产产权(产籍)是房产管理的核心内容,并占有非常重要的地位。图4-4是房产产权(产籍)管理系统结构图。

该系统共有四大模块,分别是基本信息模块、储备量化模块、规划模块和评价反馈模块。首先是通过调查访问、数据导入获得建筑运维产权(产籍)基本信息。获取基本信息以后,系统根据现有储备项目,将各项信息分类存储。系统的使用者获得储备信息后进行运营阶段的详细规划操作,最后对在建、已建、拟报废的项目进行日常运营维护。根据使用反馈,利用评分模型进行评价和系统修正与改进。

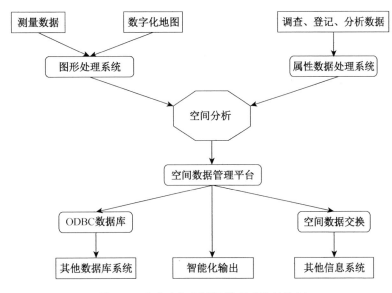

图 4-4　房产产权(产籍)管理系统结构图

4.1.4　系统功能需求分析

（1）能够及时准确地得到现代化建筑运维产权(产籍)的相关基本信息。当环境改变时,系统能够升级改进。

（2）能够获取及时、完整、详细的设备设施信息,从而获得相关的运营维护数据。同时,通过设备设施的使用反馈评价,对系统改进升级。

（3）通过准确的产权(产籍)详细信息获取运营、维护、购买等相关的财务数据、管理数据等,用以反馈给相关管理部门使该系统有所改进。

4.1.5　系统总体技术需求

（1）实现数据共享

包括背景数据和专题数据在内的所有数据,实现互联互动,做到"数据共享、全盘互动、不出差错"。除实现局内数据共享外,还应能与公司办公平台、地理信息数据交换平台紧密相连,能满足多种形式的查询,当然这对数据标准化的要求较高。

（2）空间实体与产权关系紧密结合

产权(产籍)数据库是空间型系统,不是单纯的属性管理系统,因此它包括图形、属性两种数据的输入、显示、处理以及综合分析结果的输出,图形与属性的连接是设计数据库系统的关键技术之一,解决了这个问题,用户就可以对图形及属性进行双向检索。

（3）具有兼容性和高度的扩展性

首先,数据库的设计要考虑到与已经存在的数据格式、内容的兼容性,避免重复作业,造成浪费;其次,确保产权(产籍)管理是一个长期发展的事业,它不是一成不变的。随着社会的不断进步,先进的管理科学和技术在全行业、全社会应用的不断深入,势必会在服务功能、系统结构、硬件设备、系统平台等方面进行扩展。因此,系统功能应方便升级和扩展,能够支持大容量的数据,同时适应构建不同的管理服务的要求。

（4）集中式管理与分布式处理相结合

房产管理业务种类较多,在各个业务科室之间既有较强的联系又有较强的独立性。表现在数据处理流程上,就要求既要有统一集中的管理,以增强业务处理过程中的相互衔接,同时独立性较强的数据管理的科室由其单独处理。这样,既可减少系统管理的工作量,又能获得较高的工作效率。

（5）集中式存储与分布式存储相结合

与数据处理相适应,数据存储应该采取集中式与分布式相结合的体系结构。涉及全处性的数据应该集中存储,以增强数据内容的同一性和访问的一致性,而对于非全属性的数据,则应该尽量分布式存放,以减轻服务器的负担和网络传输的压力。

4.2 系统总体设计

根据以上的分析,产权（产籍）可视化管理系统具有的功能可以设计为:在线帮助、系统管理、演示帮助、注销、地图操作平台、房产调查成果管理、BIM 展示平台等。系统的功能如图 4-5 所示。

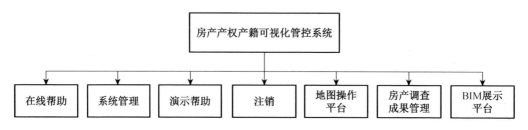

图 4-5 系统功能图

建筑产权（产籍）可视化管理系统在网络部署时采用了基于局域网和 Internet 相结合的方式进行,其部分网络部署图如图 4-6 所示。

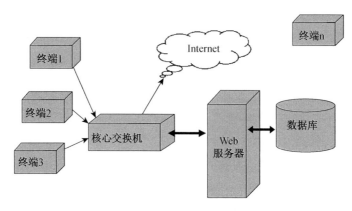

图 4-6 网络部署图

4.2.1　在线帮助

为了能够及时地对使用系统过程中出现的问题进行解答和帮助,在设计和显示现代化建筑产权（产籍）图形数据管理系统时可以实现在线帮助功能。

在线帮助模块中能进行的操作为:

① 提问信息的添加;

② 提问信息的修改;

③ 提问信息的删除;

④ 提问信息的回复;

⑤ 回复信息的修改;

⑥ 回复信息的删除。

在系统在线帮助模块中用到的流程图如图4-7所示。

在系统在线帮助模块流程图中,主要进行提问信息管理和回复信息管理,图中"提问信息"表示是否进行提问信息管理,"回复信息"表示是否进行回复信息管理。

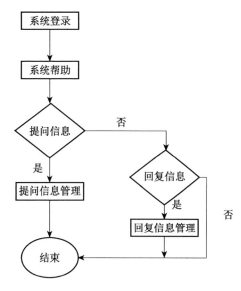

图 4-7　在线帮助模块流程图

4.2.2　系统管理

建筑产权（产籍）可视化管理系统实现了对图形数据的管理,同时也要对系统中的一些基本功能进行管理,如用户管理等,可以设计权限管理、日志管理、网站管理、错误管理等功能。

（1）权限管理

在权限管理中,应具有的功能有:用户管理、模块管理、组织管理、IP 地址管理、口令管理、切换用户管理等。

在权限管理模块中,能进行的操作有:

① 用户信息的添加、用户信息的删除、用户信息的修改;

② 模块信息的添加、模块信息的删除、模块信息的修改;

③ 组织信息的添加、组织信息的删除、组织信息的修改;

④ IP 地址信息的添加、IP 地址信息的删除、IP 地址信息的修改;

⑤ 口令信息的修改;

⑥ 用户信息的选择、用户的切换。

（2）日志管理

在日志管理模块中,应包含的功能有:访问日志管理、操作日志管理。在其管理中,应能进行日志的查询、删除等操作。

在日志管理模块中,能进行的操作有:

① 访问日志的添加；

② 访问日志的查询；

③ 访问日志的删除；

④ 操作日志的添加；

⑤ 操作日志的查询；

⑥ 操作日志的删除。

（3）网站管理

在网站管理模块中，应包含的功能有：通知公告、意见反馈、使用帮助等。

在网站管理模块中，能进行的操作有：

① 通知公告信息的添加；

② 通知公告信息的修改；

③ 通知公告信息的删除；

④ 意见反馈信息的添加；

⑤ 意见反馈信息的修改；

⑥ 意见反馈信息的删除；

⑦ 帮助信息的添加；

⑧ 帮助信息的修改；

⑨ 帮助信息的删除。

（4）错误管理

在错误管理模块中，应包含的功能有：错误上报、错误回复、错误处理等。

在错误管理模块中，能进行的操作有：

① 错误上报信息的添加；

② 错误上报信息的修改；

③ 错误上报信息的删除；

④ 错误上报信息的回复；

⑤ 错误上报信息的处理。

在系统管理模块中，用到的流程图如图 4-8 所示。

4.2.3　演示帮助

在演示帮助功能模块中应包含的功能有：用户手册管理、演示功能模块管理、演示文件的管理、演示文件的基本操作管理等。

在演示帮助功能模块中能进行的操作有：

① 用户手册信息的添加；

② 用户手册信息的修改；

③ 用户手册信息的删除；

④ 演示功能模块信息的添加；

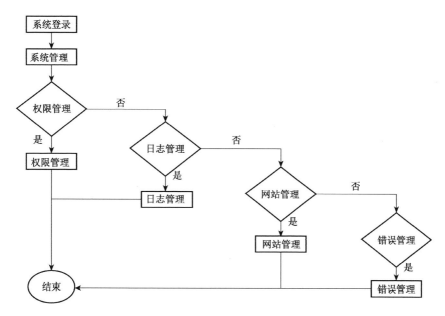

图 4-8　系统管理模块流程图

⑤ 演示功能模块信息的修改；

⑥ 演示功能模块信息的删除；

⑦ 演示文件的添加；

⑧ 演示文件的修改；

⑨ 演示文件的删除。

在演示帮助模块中,用到的流程图如图 4-9 所示。

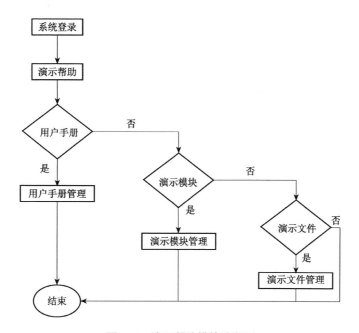

图 4-9　演示帮助模块流程图

在演示帮助模块流程图中,主要的操作有用户手册管理、演示模块管理、演示文件管理,它们在图中的判断框分别表示:是否进行用户手册管理操作、是否进行演示模块管理操作、是否进行演示文件管理操作。

4.2.4 注销

在注销模块中应能实现用户的注销重新登录功能,此模块中能进行的操作有:

① 当前用户的注销;

② 更换用户名和密码;

③ 实现登录功能。

4.2.5 地图操作平台

在地图操作平台功能模块中,包含的功能有:地图集选择、房屋查询、坐标定位、扩展应用、房产专题图、房产统计、区域分析、图层控制等。

(1)地图集选择

在地图集选择功能模块中,能进行的操作有:

① 社区选择;

② 小区选择;

③ 地图类型选择;

④ 地图选择;

⑤ 浏览管理,包括翻页、放大、缩小等。

(2)房屋查询

在房屋查询功能模块中,能进行的操作有:

① 住宅楼查询;

② 住户查询;

③ 公房查询。

在以上的操作中应先进行前提条件的设置,如社区选择、小区选择、选项设定等。

(3)坐标定位

在坐标定位功能中应能实现输入一个坐标后能显示出其具体的位置,在此功能中能进行的操作有:

① x 轴坐标的输入;

② y 轴坐标的输入;

③ 输入完毕后进行查询操作。

(4)扩展应用

在扩展应用模块中,能进行的操作有:

① 错误信息添加;

② 坐标转换操作:经纬度与 x 轴、y 轴坐标的转换;

③ 地图打印输出;

④ 房产信息选择;

⑤ 房产平面浏览;

⑥ 宗地选择及三维效果图显示;

⑦ 小区效果图管理添加、修改、删除等。

(5) 房产专题图

在管理系统中,系统可以按照房产的不同而生成不同的专题图,如建成年代、房型差异等。在房产专题图模块中能进行的操作有:

① 区域信息选择;

② 宗地信息选择;

③ 专题图类别选择;

④ 图例的选择;

⑤ 专题图生成。

(6) 区域分析

系统应对一定的区域进行分析,即区域分析。可以进行分析条件设置、宗地选择继而对办公或生活设施进行分析。在区域分析模块中能进行的操作有:

① 全部选项选择;

② 房屋选择;

③ 设施设备选择;

④ 对选取的区域进行分析。

(7) 图层控制

在现代化建筑运维产权(产籍)可视化管理系统的设计和实现过程中,总会以不同的样式和图标来表示不同的建筑等,称之为图层。图层可以分为房产系统、基础地形、影像图等。在图层控制模块中能进行的操作有:

① 房产系统的选取;

② 基础地形的选择;

③ 影像图的选择;

④ 基于以上选择,进行图层的生成。

4.2.6　房产调查成果管理

在建筑产权(产籍)可视化管理系统设计和实现中,系统采用成果管理对调查数据进行集中管理,此模式即使用终端对数据库数据进行添加、修改、删除等操作。在房产调查成果管理模块中,能进行的操作有:

① 后台数据库链接;

② 房产测绘信息的添加;

③ 房产测绘信息的修改;

④ 房产测绘信息的删除；

⑤ 房产基本图形管理操作；

⑥ 房产三维图形管理等。

4.2.7　BIM 展示平台

为了突出产权(产籍)可视化管理系统的先进性和优越性,应体现出系统的 BIM 特性,设置 BIM 展示平台。在 BIM 展示平台模块中,能进行的操作有:

① 模式选择；

② 漫游选择；

③ 测量方式选择；

④ 操作说明；

⑤ 按照选定的模式进行显示等。

4.3　数据库建立

4.3.1　产权(产籍)数据库的特点、设计需求和关键点

(1) 产权(产籍)数据库的特点

产权(产籍)数据库是指与建筑物产权有关的一定地理要素特征的数据集合,它与一般数据库相比,具有以下特点:

① 数据量特别大,房产产权(产籍)管理系统是个复杂的综合体,要用数据来描述各个地理要素,尤其是房屋要素的空间位置和产权关系,其数据量往往相当大。

② 不仅有地理要素的属性数据(包括与建筑物有关的产权关系属性),还有大量的空间数据,即描述要素空间分布位置信息的数据,并且这两种数据之间具有不可分割的联系。

③ 不同的用户访问数据的权限不一样,数据管理人员要为不同的用户分配不同的角色和权限以实现数据库的更新、维护和安全的目的。

(2) 产权(产籍)数据库的设计需求

① 标准的统一

为了确保房产数据质量,真正实现数据的共建共享,必须从行业管理的角度进行相应的标准化研究,包括数据内容、数据语意定义、数据结构、元数据、数据精度、获取方法和技术要求等,从而形成一个健康有序的信息采集、更新与共享机制。

② 实现数据源系统内的无缝集成

通常我们的数据格式复杂多样,需要一个在逻辑上统一的空间数据框架来存储和统一管理地理数据,包括 CAD、影像、矢量数据、栅格数据、TIN、地址数据等,使得所有地理数据实现在同一数据库系统中无须数据转换而统一管理贮存和处理各种模型的空间

数据。

③ 空间数据的无缝集成

"无缝"的追求一方面是因为以往许多软件系统在与外部系统连接时是"有缝"的甚至是"两层皮",无法很好地集成和融合;另一方面是由于技术的限制使得数据之间无法保持一致性,导致数据之间"有缝"。实现真正的无缝集成,节省系统的空间资源,增强系统的稳定性及响应速度是亟待解决的问题之一。

④ 房地产综合数据的图文一体化

房地产综合数据主要包括坐落信息、自然信息、产权信息和图文数据一体化。把空间数据与属性数据统一存放在关系数据库管理系统中,采用关系数据库管理房地产的空间数据,真正实现了空间数据与非空间数据一体化的无缝集成,可以方便地对房地产信息进行面向空间的各类统计分析,并且了解房屋状况。

⑤ 数据接边

由于图形分幅是人为进行的划分,不是自然边界,必然会引起图形的接边问题,尤其对于跨幅房屋来说,同一建筑物被分割为两个甚至更多的图形要素,破坏了要素的完整性,给数据管理带来不便。通过图层管理,所有的同类要素均分布在同一图层中,不会造成数据的连接中断。

⑥ 数据的安全性

通过图幅进行管理,所有的空间数据均以文件方式存储,容易受到病毒的侵犯,给数据安全性带来威胁。我们需要能够设定用户权限,区分安全级别的方式来管理数据库。

⑦ 查询分析功能

希望不仅能够存储海量数据,而且可满足短时间响应用户需求和快速获得查询结果的需求。

(3) 产权(产籍)数据库设计的关键点

房地产产权(产籍)数据库是房地产管理的核心,产权(产籍)信息包括描述房地产空间位置及状态的图形数据,如地籍、土地利用现状图、房产平面图、宗地图等;描述房地产权属、价值、位置的属性数据,如宗地号、地类、面积、权属人、地址等。它们对房产产权(产籍)管理同等重要。如何将这些数据合理地"载入"地理数据库中是数据库设计的关键,在设计数据库时必须考虑下列问题:

① 在数据库中存储何种数据;

② 存储的数据应用何种投影;

③ 对已经存在的数据是否需要建立修改数据的规则;

④ 如何组织对象类型和子类型;

⑤ 是否需要维护不同类型对象之间的特殊关系;

⑥ 数据库是否需要存储定制对象。

4.3.2 数据来源

房产产权(产籍)信息的大部分数据是通过调查获得的。调研、测绘等是为房产产权(产籍)管理提供数据和资料而进行的专业工作,通过测定每幢房屋、每个地块的几何图形及其在用户坐标系中的位置,查明其权属、界线关系,以保护权利人的合法权益,是房产产权(产籍)管理的基本资料,表 4-2 是通过调查获得的基本资料及概括的产权(产籍)数据的数据类型和数据源。

表 4-2 产权(产籍)数据的数据类型和数据源

来源	内 容		描 述
产权(产籍)基本数据	平面控制测量、房产图测绘、房屋和土地使用面积、房屋变更测量等,会提供图形数据、产籍调查数据和测量数据		房产图测绘按房产管理的需要,分为房产平面图、立面图、剖面图、区域位置图等
	空间数据		
	数据类型		数据源
	图件资料		地籍图
			房产分幅平面图
			房产分丘平面图
			房屋分层分户平面图
			其他图件
	属性数据		
	数据类型		数据源
	簿、证		房地产登记簿
			房地产权利证书
	其他资料		房地产测量资料
			权属认定资料
			产籍调查表
			其他

在产权调查和登记中,属性数据一般分为两种:一种是与房屋位置和属性之间相关的信息同空间数据统一存放,如实体类型、房屋结构等;另一种数据则是同空间位置有间接关系的数据,以表格的形式存储并通过关联字段相关联,如产权登记号、房屋居住现状等。属性数据的管理主要由数据库管理的空间属性一体化形成"幢、层、户"房产空间结构体系,反映了每一宗地、每一幢楼、每一户房的关系及基本信息,做到了部门之间、部门内部

各业务环节的数据共享与交互。

4.3.3　数据逻辑分组

房地产产权(产籍)数据大致包括主题数据和背景数据。主题数据包括描述房地产空间位置及状态的图形数据,如地籍图、房地产平面图、宗地图等;描述房地产权属、价值、位置的属性数据,如宗地号、地类、面积、权属人、地址等;它们对房地产产权(产籍)管理同等重要。背景数据即为基础地理信息数据。

(1) 数据准备

① 图形整理

以图形为源头进行各部分数据的一致性检验是整个整理工作的基本思路。因为产权权籍数据受人为因素影响较大,不易检验全覆盖性和现势性,所以图形(房屋)的质量显得尤为重要。在与属性数据进行匹配之前,必须保证图形数据经过现势性确认和基本图形处理过程。现实中由于种种原因,对于数据源格式不相同的,图形整理阶段需要进行格式转换。

② 图形和房产信息表关联匹配

以已经确认的图形为核心,确保其正确性。以房产信息表为主、产权权籍数据为辅来验证数据的一致性,并将通过验证的图形和数据建立唯一关联。

③ 纠正错误数据

对于任何图数不一致的情况需进行纠正处理;对于图形缺漏现象应进行补测;对于房产信息表数据缺漏现象应进行重新输入;对于由于本身工作而导致的数据错误(如房屋和宗地不匹配等),要给予合理的处理方法或注明并予以记录。

④ 建立楼盘表数据模型

以房产信息表为基本单元将其整理确认,房屋对象可由楼层表、单元表、房间表通过关键字关联来表达,对房产数据不全的部分房屋要重新进行调查,产籍调查后再补充。

(2) 数据分层

大多数房产信息数据库系统都是根据空间数据的专题内容、几何表达形式和拓扑特征的差别进行数据分层。一般而言,专题内容不同的数据分别建立不同的层,例如水系、道路。几何表达形式不同的同一专题内容分解为不同的层(要素类),产籍对象集中于多边形状的幢和宗地、线状的房屋构建物、点状的注记,三类几何表达形式不同的数据应分别建立不同的层(要素类)。具体地说,数据分层主要考虑两个要素:不同专题内容的数据分别建立相应的层,同一层内的数据有相同的属性信息;几何表达形式不同的数据分别单列成层。

(3) 数据分类

数据分类的基本方法有两种:线分类法(也称层级分类法)和面分类法,二者各有优缺点。线分类法是将分类对象按所选定的若干个属性或特征,作为分类的划分基础,逐次地分成相应的若干个层级的类目,并排成一个有层次的、逐级展开的分类体系。它能较好地反映层之间的逻辑关系,使用方便,既符合手工处理信息的传统习惯,又便于计算机处理信息。

依据分类原则和国标规范,建筑物产权(产籍)基本要素包括作为背景数据的基础地理要素和房屋类要素、权属要素、注记要素、影像要素、其他要素等大类,各大类下面又分为二级类和三级类。表 4-3 是房地产产权(产籍)数据分类表。

表 4-3　房地产产权(产籍)数据分类表

数据分类	大类(逻辑表示)	说明	备注(信息表达)
基础信息 (背景数据)	控制点	各类界址点、控制点及房角点	空间信息
	境界	各级行政界线	
	道路	各类交通	
	水域	河流等	
	独立地物	各类亭状建筑物	
	公共设施	体育场所等	
	绿化地和农用地	绿化用地	
房产地理信息 (主题数据)	地界	房产分界线	空间信息
	房屋	以幢为单位房屋外围线	空间信息
	房屋围护物	各类围墙、栅栏等	空间信息
	房屋附属	各类房屋附属设施	空间信息
	房产要素	房产信息 房产信息注记	空间信息
权属要素 (主题数据)	产权信息	房地产产权关系信息	文本信息
	产权人信息	建筑物产权人信息	文本信息
	房屋使用信息	房地产使用信息	文本信息
注记要素	注记信息	各类机构、道路注记等	空间信息

(4) 数据组织

产权(产籍)数据主要使用测量数据集、要素数据集、表和元数据文档来组织数据。产权(产籍)要素主要由矢量数据构成,要素类之间存在着密切的关系。如行政境界和权属界线同时还是切割房屋类图斑的界线;房屋类注记以房屋为标准对象;廓外要素起地图整饰作用,与其他要素之间没有多大联系。据此设立以下四个要素数据集。

① 基础信息要素数据集:控制点、境界、道路、水域、独立地物、公共设施、绿化地和农用地;

② 权属与地类要素数据集：权属界线、权属界线拐点、房产分丘线、各类房屋及附属设施、房产信息、房产信息注记、房屋围护物；

③ 注记要素数据集：地名注记、水系注记、交通注记、其他注记；

④ 廊外要素数据集：接头表、廊外注记(图名、坐标系、比例尺、调绘人、调绘日期、制图人、制图日期、检查人、检查日期)等。

4.3.4 数据建设

房产数据是基于房产信息应用的核心，它主要包括基础地貌数据、房产测绘与成果数据、房产权籍数据、BIM 模型数据等。房产数据库基于 Oracle 构建空间地理信息数据库，实现对空间数据和属性数据的集中存储管理；数据能够支持 AutoCAD、ArcInfo、MapInfo 等不同图形格式数据的转换(图 4-10)。

图 4-10 系统数据组成

4.3.4.1 数据设计要求

房产调查及成果数据应通过房产调查和测绘获得。房产调查图形数据可包括宗地图形、房屋图形和房屋分户平面图；属性数据可包括宗地、幢和户的描述信息。

(1) 房产调查图形数据之宗地

图形信息	属性信息
	地块编号
	土地面积
	土地权属
	土地性质
06-003-030-22/1	土地用途
	土地等级
	批文号
	登记信息
	……

(2) 房产调查图形数据之房屋

图形信息	属性信息
	幢编号
	宗地编号
	自然幢号
	逻辑幢号
	门牌号
	建筑面积、地下面积、占地面积
	建筑类型、建筑结构
	竣工日期、地上层数、地下层数
	……

（3）房产调查图形数据之分户图

图形信息	属性信息
	户编号
	幢编号
	室号
	建筑面积
	套内建筑面积
	分摊建筑面积
	户型
	坐落
	……

（4）宗地图形和幢图形数据应按对象存储，采用统一的坐标系。宗地图形数据和幢图形数据一般按对象存储，是完整的图形实体，具有以下特征：

① 图形实体上可以加载编码，能与属性信息一一对应；

② 是完整、独立的图形实体，而不是图形元素；

③ 面状对象图形数据的边界线必须满足拓扑要求；

④ 面状对象允许由多个闭合多边形组成，形成"岛"和"飞地"等组合实体；

⑤ 在系统中可以被识别或被操作，如被搜索、统计或改变应显示状态等。

（5）基础地形地貌数据宜采用数字线划图，也可以采用数字正射影像图或数字栅格图。地形数据应采用统一的坐标系。

4.3.4.2　基础地貌数据建设

针对系统所需的基础地形地貌数据,包括道路、河流水系、村庄、居民地、重要地物标识、单位分布等内容。该部分数据可以通过从基础测绘部门、规划部门获取基础资料,在此基础上进行完善获得。

4.3.4.3　房产调查数据建设

现代化建筑产权(产籍)调查进行全面数字化采集与房产数据普查核实,内容包括各类房产设施、绿化、道路等基础地物地貌要素测绘。

通过房产测绘数据的建设,可以解决传统的测绘图形信息采集与属性采集分头进行而存在的关联性差、数据一致性难以维护等不足之处,避免了数据进入信息系统所需的二次加工和处理,提高了数据进入信息系统的效率和准确率,可以大大缩短数据采集的周期。

4.3.4.4　产权(产籍)数据建设

随着现代化建筑的不断发展变化,产权(产籍)档案的数量不断增加,档案保管和查询的频率也在加快,加之产权(产籍)档案一般是纸质材料或电子版材料,在安全保存、密级管理、调阅查询以及信息的有效利用等方面存在很多问题,如档案管理成本增大、信息提取困难、数据无法共享等。此外,长期对原始档案进行直接查询,还会对原始档案造成严重损坏。

通过数字技术对房产原始产权(产籍)档案资料(产权档案、图纸以及账册、表卡)进行电子化处理,将现有的原始档案资料扫描制作成图像文件,然后进行质检定级、排序索引、分类存储,建立建筑物产权(产籍)档案数据库,从而实现快速、准确查询,不仅提高了管理人员的工作效率,还有效保护了相关的纸质档案,将房屋图形与房屋属性数据相连接,实现图形与数据联动、相互查询、同步更新。

4.3.4.5　BIM 模型数据建设

BIM 模型库是关于建筑物的一种逼真的三维虚拟表示,使人们可以探察汇集有关建筑物的自然和人文信息,并与之互动。三维建筑物模型是模型库的基本内容,不仅具有多种细节层次的几何表达,还提供具有相片质感的表面描述,例如逼真的材质和纹理特征以及其他相关的属性信息。在模型库中,三维建筑物形状的重建和绘制、表面性质的描述和材质参数都已成为数据库的一部分。

现代化建筑运维房屋模型包含区域环境模型、房屋外观模型和室内结构模型三种。构造房屋场景模型,可以真实地展现小区的人文环境、设施配备(包括楼盘构造和室内结构)。可以通过房屋样本效果图或区域真实外观相片,借助于 BIM 软件来完成楼盘场景模型。除了提供楼房的轮廓和高度外,还可以提供楼房的外墙材料及建筑物的使用类型等。

第5章

基于 BIM 的建筑物及设备设施维修维护系统设计

5.1 设备设施维护信息化管理发展现状

5.1.1 设备设施维护信息化管理面临的挑战

随着科技的发展,现有工业设备日益精密化、复杂化、高性能化,同时价格也日趋昂贵,企业生产节奏也日渐加快。为了维护设备的性能,必须花费大量的人力资源和维修资源。因此,维修对保障正常生产的作用日益增大,人们对维修的认识也发生了变化。设备设施维护维修不仅可以提高设备的完好率和可用率,而且可以延长设备的使用生命,提高生产效率,节约使用成本。维修也是设备正常使用的前提和安全的保障,维修工作的好坏,维修效率的提高对企业甚至整个经济社会起着极其重要的作用。随着生产现代化水平的提高,人们对生产设备购置、保养、维修的投入也越来越多。设备的维修工作不再只是企业生产的辅助环节,已经成为生产及其管理过程中的重要组成部分。在市场经济条件下,运用新的设备维修管理体制和新的设备检测、诊断与维修技术,加强设备维修的科学管理,对降低维修成本、提高维修效益、改善设备状况、增强企业市场竞争力、促进企业稳步发展,都具有非常重要的现实意义。

在大型企业里生产设备繁多,设备管理工作越来越占据重要的地位。为了促进企业的管理工作,设备管理工作受到越来越多的重视,人们利用计算机设计出了多种企业设备管理信息系统,这些设备管理系统实现了企业设备管理的科学化、规范化、系统化,很大程度上促进了企业的设备管理工作,并带来了巨大的经济效益。

目前,企业已经普遍采用计算机辅助设备管理,建立了众多的设备管理信息系统。我国也陆续开始使用,并不断完善、更新和发展,出现了高效率、多功能、高级化的设备管理信息系统,包括设备固定资产管理系统、修理和维修费用管理系统、人员管理系统、设备投资规划管理系统等。

设备设施维修管理是保证企业经营成功的一个重要因素。杜邦公司宣称,工厂最大的单个可控制的费用是维修管理。英国索尔福德大学的一个维修研究小组的调查研究表明,通过提高设备的维修管理,企业可以节省 8%～30% 的运营费用。可见,加强设备维修管理可以有效降低维修费用,使企业能获取更高利润。

5.1.2　设备设施维护信息化管理的必要性

设备设施维护在企业管理中起着非常重要的作用。随着生产自动化程度越来越高,大部分的企业生产工作都由设备来完成,只有少部分的工序由手工来完成,企业管理在现代工业中离不开设备。同时,设备又是企业固定资产的主要组成部分,它占用了大量的企业资金。因此,正确使用、精心保养、及时检修维护设备,使设备处于良好的技术状态,才能保证企业进行高质量、低成本的生产,并按计划完成生产任务,从而提高企业的经济效益。利用先进的计算机技术来管理设备,是提高设备管理工作效率的重要手段。

随着科学技术的进步,现代设备的结构越来越复杂,功能越来越完善,自动化程度越来越高。但设备的计划、设计、使用、维护、修理等所需的设备管理体制与技术水平却没有与时俱进,依旧停留在传统的维修管理阶段。许多设备制造企业在设备设计阶段较少考虑设备的可靠性与可维修性;大多数设备使用企业在建立生产作业线时,较少考虑设备的维护修理,或由于生产紧张也没有对设备进行充分维护,从而导致设备状态失修、劣化严重,突发故障频繁,对生产和设备的精度、寿命等造成严重的影响。由于许多无法避免的因素的影响,有时设备会出现各种故障,以致降低或失去为其预定的功能,甚至造成灾难性事故,例如人员伤亡,带来了严重的社会影响。

从现代企业管理的角度出发,没有良好的设备维修模式及手段,就不能保证设备正常运行及发挥良好性能。与国外相比,我国的维修管理现状不尽如人意,其中非常重要的一个原因是企业对设备的维护管理不重视,各种原始记录,如设备的故障史、诊断与维修经验的积累和理论性的总结工作,大部分储存在部分技术人员和维修工人头脑中,未形成系统的资料,维修工作的科学性较差。所以,在维修管理中必须引入计算机信息管理,将现有的故障诊断维修方面的资料进行整理归纳。

随着信息化管理的发展,制造业积累了大量基础数据,越来越多的企业希望能从这些历史数据中挖掘"宝藏",也就是将操作型数据转变为决策型数据,为决策提供依据。许多企业已经采用信息化技术对数据进行管理,然而,目前对数据的处理还停留在日常的事务管理方面。企业的设备台账资料、消耗资料以及设备故障资料基本上还停留在日常处理阶段,这已经远远不能满足信息化的需要。在这种情况下,对这些资料运用数据库技术进行收集、加工、整理、分析、统计,不但可以极大地提高管理效率,而且可以从这些数据中发现规律,掌握设备的故障规律、备件的消耗规律,从而指导维修工作的进行并控制材料的库存,提高企业的市场竞争力。如果能够成功地建立企业自己的维修管理与决策支持系统,提高企业的维修决策质量和效率,就能在竞争中把握主动,争得先机。

5.2 设备设施维修改造的概念

(1) 设备设施大修的定义

设备是指与电力生产有关的生产设施及附属(辅助)设施,包括一次设备、变电站自动化系统、调度自动化系统、继电保护及安全自动装置、电力通信系统、自动控制设备、生产建筑物、构筑物、生产车辆等辅助及附属设施、安全技术劳动保护设施、非贸易结算电能计量装置以及运行、检修、试验和监(检)测装备。

设备大修是指为恢复现有资产(包括设备、设施以及辅助设施等)原有形态和能力,按项目制管理所进行的修理性工作。设备大修不增加固定资产原值,是企业的一种损益性支出,不包含资本性支出项目。设备大修以安全、质量、效益为核心,强化综合计划管理和标准成本管理,在实施设备状态评价及确保设备安全的基础上,统筹安排、分级实施,提高质量、降低成本。

(2) 设备设施技术改造

技术改造是利用成熟、先进、适用的技术、设备、工艺和材料等,对现有设备、设施及相关辅助设施等资产进行更新、完善和配套,以提高其安全性、可靠性、经济性和满足智能化、节能、环保等要求。生产技术改造投资形成固定资产,是企业的一种资本性支出。

(3) 大修技改项目管理要求

① 工程项目理论

工程项目是指建设领域的建设项目。在企业里,工程项目即指基建、小型基建建设项目。它包括策划、勘察、设计、采购、施工、试运行、竣工验收和考核评价等。工程项目的基本特征包括唯一性、多重约束性、明细渐进性、投资风险性、管理复杂性、生命周期属性。工程项目所经历的可研决策、实施、运营维护、报废过程称为“全生命周期”。项目可研到实施阶段称为项目建设周期。项目管理指运用系统的理论和方法,对建设工程项目进行的计划、组织、指挥、协调和控制等专业化活动。通常将工程项目管理的时间范围定义在立项到竣工移交,即项目的实施阶段。

② 全生命周期管理理念

全生命周期管理理论是以项目整个生命周期为过程的管理理论。以项目建设的利益最大化为目的,兼顾各阶段协调、利益相关者的利益、建设环境友好等,保持其可持续发展能力。该管理理念和方法是新的管理模式,是项目管理质的飞跃。与传统的管理模式相比,一是注重管理目标体系的优化;二是注重组织责任体系的构建;三是注重建设项目全生命周期费用分析方法的应用;四是注重集成思想的应用,突出项目管理的整体效率和效益。目前,企业也以资产全寿命为导向,将设备管理理念转变为资产管理理念。

③ 企业管理要求

近年来,面向企业级建筑运维管理的技术改造工作管理办法、大修工作管理办法、可研编制与评审等管理办法相关研究进一步规范了项目立项论证、计划、实施、竣工验收、竣工结算、决算等全过程管控,管理要求逐步向基建工程管理要求靠拢。企业原有的大修技改管理模式已经不能适应目前的管理要求——大修技改项目资金当年下达。这就要求立项时项目内容、项目资金的准确、合理和项目实施过程中各环节、各专业的无缝配合、高效运转。企业如何立足自身,积极探索大修技改精益化管理的新途径,成为企业迫切需要解决的问题之一。

(4) 大修技改项目管理工作的内容和原则

生产设备大修技改项目管理工作是以提高设备可靠性为核心,强化全生命周期管理,在实施设备状态评价及确保设备安全稳定运行的基础上,对生产设备大修和技术改造实施项目制管理。按照统一管理、分级负责的原则规范,有序地组织开展大修技改项目的实施,通过对大修技改项目的前期规划、设计建造、大修实施、报废、结算及工程档案等项目管理的全过程做出规定并明确要求,固化并优化流程,从而实现了大修技改项目管理的统筹安排、分级实施、提高质量、降低造价的目标。

生产设备大修技改工作遵循以下原则:

① 严格执行国家、行业、地方有关方针政策、法律、法规,落实企业相关标准、制度、规定和反措要求。

② 坚持"安全第一、预防为主、综合治理"原则,因地制宜解决影响房产设备设施安全稳定运行的问题。

③ 以技术进步为先导,积极推广先进适用技术,提升物业管理装备水平和智能化水平。

④ 坚持集约化管理,按照统一的技术政策和标准,依据资产运维范围组织实施,做到统一组织、分级审批、集中备案。

⑤ 坚持提升质量效益,在标准化和信息化的基础上,实现生产技术改造全过程闭环管控和资产全生命周期技术经济最优。

⑥ 规范项目管理,严格执行项目单位负责制、招投标制、工程监理制、合同管理制。

企业的运维检修部是生产设备大修技改工作的归口管理部门,负责对企业大修技改工作进行统一管理;落实企业相关技术改造、设备大修标准和工作要求,组织编制规划、储备和计划;组织大修技改项目的实施,并对相关工作开展、计划执行、项目实施等进行监督、检查等。

5.3　设备设施维护维修工作内容及流程

维修是为了保持或恢复系统规定的服务而执行所需功能的状态所采取的活动的总称。这一概念首先将维修活动分成两大类:为将部件维持在特定工作状态所采取的活动和致力于将部件恢复到标称状态所采取的活动。

"保持"和"恢复"是维修术语中"预防性"和"修复性"维修活动派生的同义语。本报告针对现代化建筑运维及设备设施的情况,将维修的主要类型划分为以下几类,如图 5-1 所示。

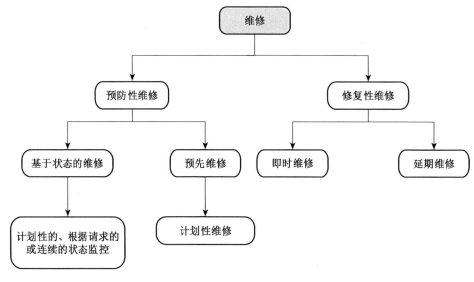

图 5-1　维修类型

5.3.1　维修分类

(1) 预防性维修

预防性维修是指以预定的时间间隔或根据规定的标准,为减少设备的失效概率或功能退化而进行的维修。预防性维修可以基于预定间隔,也可以基于状态进行。

■ 预先维修。根据规定的时间间隔或使用次数而执行的预防性维修(如计划性维修),但是并不考察部件的过往状态。

■ 基于状态的维修。基于效能和/或参数监控及其后续行为的预防性维修。效能和参数监控可以是计划性的监控、根据请求的监控或连续的监控。基于状态的维修中包括了预测性维修,其可定义为:基于设备重要退化参数的分析和评估进行预测而执行的基于状态的维修。

(2) 修复性维修

修复性维修是在故障识别完成之后,为使设备恢复到能够执行规定功能的状态而执行的维修。修复性维修可以是即时的,也可以是延期的。

■ 即时维修。在识别出故障以后没有延迟即执行的维修,以免发生不可接受的后果。

■ 延期维修。在故障识别出以后没有立即执行,而是根据既定维修规则被延迟了的修复性维修。

5.3.2　维修活动的定义与分类

维修类型包括了一系列的维修活动,其中主要的维修活动可以列举并定义如下:

（1）检测。测量、观测、测试、计量部件的相关特征从而检查是否符合规定要求，通常检测可以在维修活动前、过程中或完成后进行。其中的一致性检测，是用来检查设备的特征或属性是否与标称的一致。

（2）监控。手动或自动执行的用来观察设备真实状态的活动。监控与检测的区别在于它是用来评估设备参数随时间的变化。监控可以是连续的，也可以是间隔一段时间的，还可以是在运行一定次数以后进行的。监控通常是在工作状态下执行的。

（3）定期维护。定期的或重复性的简单维修活动，这些活动通常不需要特别的认证、授权或工具。定期维护包括清洗、上紧连接件、检查液位、润滑等。

（4）大修。为了维持规定的设备可用度和安全性水平而执行的复杂的检查和活动等。大修可以以一定的时间间隔或运转次数来进行，可能需要将部件部分或全部解体。

（5）翻修。在将设备解体和对即将达到生命周期的部件以及需要定期换件的部件进行修理或换件以后进行的活动。翻修的目的是延长设备的原始寿命期限，它与大修的区别在于它包括翻新和改进，可以理解如下：

■ 翻新。是在不改变设备规定功能的前提下，所有改进设备可靠性的技术、管理和经营活动的统称。

■ 改进。是改变设备规定功能的所有技术、管理和经营活动的统称。改进，实际上并不是维修活动，而是将设备原有的规定功能变更为新的功能。这种改变有可能影响设备的可靠性，或者设备性能，也可能二者兼而有之。

（6）修理。将故障设备恢复到规定功能而采取的实际活动。修理通常包括如下活动：

■ 故障诊断。故障识别以及在合适的约定层次上进行故障定位与原因辨识而采取的活动。

■ 故障修复。在诊断出故障以后，为将设备恢复到能够执行规定功能状态而采取的活动。

■ 功能检查。在维修活动结束以后，为验证设备能否执行规定的功能而采取的活动。功能检查通常在停机状态下进行。

房屋及设备设施维系分类如表 5-1 所示。

5.4　基于 BP 的维护维修质量评价及其在 BIM 的映射

5.4.1　质量评价指标的选取

在建筑物维护维修质量评价的过程中，首先将建筑物项目（或单位工程）划分为地基基础工程、结构工程、屋面工程、装饰装修工程和安装工程五个分部工程分别进行评价，再对各分部工程评分加权求和得到单位工程维护质量评分。为了使研究更具普适性，本书选取民用工程中最常见的混凝土结构工程为对象，对其维护质量可视化评价问题进行研

表 5-1　房屋及设备设施维系分类

序号	分系统	子系统	维修类型	维修描述	备注
1	结构分系统	承重结构子系统	计划性维修（基于状态的维修）	承重结构子系统是建筑中承受作用（或称荷载）的梁、板、柱等，因其构建缺陷问题会严重影响建筑结构安全性能。建议采取基于状态的计划性维修	分构部件采用不同维修活动
		非承重子系统	修复性维修（即时维修）	非承重子系统是在建筑中起分隔作用，不受受上部荷载的砌体结构。因其构建缺陷问题不会引起建筑安全性能问题，建议采用即时维修	
		建筑物结构子系统（大修）	计划性维修（基于状态的维修）修复性维修（即时维修）	建筑物结构子系统是由建筑中的梁、板、柱等构件连接而构成的能受作用（或称荷载）的平面或空间构件。针对承重的建筑结构子系统采用基于状态的计划性维修，对于非承重构部件采用修复性维修（即时维修）	分构部件采用不同维修活动
		室外附属构筑物结构子系统（大修）	计划性维修（基于状态的维修）修复性维修（即时维修）	构筑物是指房屋以外的建筑物，如烟囱、水塔、桥梁等。针对承重的建筑构件采用基于状态的计划性维修，对于非承重构部件采用修复性维修（即时维修）	
2	围护分系统	屋面子系统	修复性维修（即时维修）	是指建筑物的屋顶表面，不易进行状态监控，对建筑结构安全能影响较小，建议采用修复性维修（即时维修）	
		外立面子系统	修复性维修（即时维修）	是指除屋顶外建筑物所有的外部围护部分，不易进行状态监控，对建筑结构安全能影响较小，但因其会影响建筑外观和其他工作进行，建议采用修复性维修（即时维修）	
		道路子系统	修复性维修（即时维修）修复性维修（延时维修）	道路子系统主要是指单位管辖范围内机动车辆通行的道路，不易进行状态监控，对建筑结构安全进行，不易要道路采取修复性维修（延时维修）	分主次道路采用不同维修活动
		围墙子系统	计划性维修（基于状态的维修）	围墙子系统是指单位管辖范围内由围墙、护坡、挡土墙等构成的系统。若有缺陷问题会引发安全事故问题，建议采用计划性维修（基于状态的维修）	
		附属设施子系统	计划性维修（预先维修）	附属设施子系统是指建筑物主体以外的配套设施，如非机动车车棚（库）、门卫房、水泵房等。此类设施数量较多，较难监控，但因其构建缺陷可能引起人员安全问题，维修同隔年限可延长，可采取计划性维修（预先维修），具体可根据情况确定	

续表 5-1

序号	分系统	子系统	维修类型	维修描述	备注
3	装饰装修分系统	内墙面子系统	修复性维修（即时维修）	指在室内起分隔空间的作用，没有和室外空气直接接触的墙体结构。对建筑结构安全性能影响较小，不易进行状态监控，建议采用修复性维修（即时维修）	
		地面子系统	修复性维修（即时维修）修复性维修（延时维修）	地面子系统指各类地面面层，不易进行状态监控，对建筑结构安全性能影响较小，但因其会影响建筑物外观和其他工作进行，对于主要常用地面可采用修复性维修（延时维修），对于次要地面可采用修复性维修（即时维修）	分主次地面采用不同维修活动
		隔墙子系统	修复性维修（即时维修）	隔墙是分隔建筑物内部空间的非承重重墙，不易进行状态监控，对建筑结构安全性能影响较小，但因其会影响其他工作进行，建议采用修复性维修（即时维修）	
		吊顶子系统	修复性维修（即时维修）	是指房屋居住生环境的顶部装修。不易进行状态监控，对建筑结构安全性能影响较小，但因其会影响其他工作进行，建议采用修复性维修（即时维修）	
		内门窗子系统	修复性维修（延时维修）	是指建筑物内组成门个体所有材料的总和（包括型材、玻璃、五金、密封胶、胶条、辅助配件及配套纱窗）。不易进行状态监控，对建筑结构安全性能影响较小，不会影响主要工作进行，建议采用修复性维修（延时维修）	
		细部及其他子系统	修复性维修（延时维修）	建筑装饰装修工程中局部采用的部件或饰物，不易进行状态监控，不会影响主要工作进行，对建筑结构安全性能影响较小，建议采用修复性维修（延时维修）	
4	给排水分系统	给水子系统	修复性维修（即时维修）	包括室内（外）给水、热水、直饮水系统等各种不同系统类型。给水系统供水不及时、水质不达标，会严重影响工作进行，但因对其进行状态监控较为困难、不经济，建议采用修复性维修（即时维修）	
		排水子系统	修复性维修（即时维修）	包括室内（外）污废水排水系统、雨水排水系统等各种不同系统类型。给水系统排水不及时，会严重影响工作进行，但因对其进行状态监控较为困难、不经济，建议采用修复性维修（即时维修）	
		消防子系统	计划性维修（预先维修）	包括室内（外）消火栓系统、自动喷水灭火系统、大空间智能灭火系统、气体灭火系统等各种不同系统类型。消防子系统出现故障，会引起较大安全隐患、安全事故，建议采用计划性维修（预先维修），定期检测消防系统	

续表 5-1

序号	分系统	子系统	维修类型	维 修 描 述	备注
4	给排水分系统	中水子系统	修复性维修(即时维修)	经过独立管网收集并经中水设备处理后,会用于建筑内的非生活饮用水的杂用水网络。因其出现故障不会影响主要工作进程,不会引起安全事故,建议采用修复性维修(即时维修)	
		给水设备	计划性维修(基于状态的维修) 计划性维修(预先维修)	用于给水子系统对市政供水水源或其他水源加压、处理、消毒等的机电一体设备。对于大型贵重的设备进行状态监控,建议采用计划性维修(基于状态的维修);对于小型、较难监控,实施不易,不经济的设备,采用计划性维修(预先维修)	分情况采用不同维修活动
		卫生器具	修复性维修(延时维修)	用来满足人们日常生活中的各种卫生要求,收集和排放生活及生产中的污水、废水的设备。卫生器具故障不会引起安全事故,经济损失较小,但会影响相关工作进行,建议采用修复性维修(延时维修)	
		污水处理设备	计划性维修(基于状态的维修) 计划性维修(预先维修)	对建筑物内冲便器生活污水进行物理、化学、生物等净化处理的设备。对于大型贵重的设备进行状态监控,建议采用计划性维修(基于状态的维修);对于小型、较难监控,实施不易,不经济的设备,采用计划性维修(预先维修)	分情况采用不同维修活动
		中水设备	计划性维修(基于状态的维修) 计划性维修(预先维修)	由调节池、泵、膜生物反应器、中水储水罐、消毒装置等组成。对于大型贵重的设备,实施状态监控,建议采用计划性维修(基于状态的维修);对于小型、较难监控,实施不易,不经济的设备,采用计划性维修(预先维修)	分情况采用不同维修活动
		消防供水设备	计划性维修(基于状态的维修) 计划性维修(预先维修)	用于消防子系统的加压供水设备。对于大型贵重的设备进行状态监控,建议采用计划性维修(基于状态的维修);对于小型、较难监控,实施不易,不经济的设备,采用计划性维修(预先维修)	分情况采用不同维修活动
		气体灭火设施	计划性维修(预先维修)	是指灭火药剂以液态或气态储存于压力容器内,灭火时以气体状态喷射作为灭火介质的固定式灭火设施。气体灭火设施使用次数较少,但需确保其在紧急情况下能正常使用,建议采用计划性维修(预先维修)	
5	供热采暖分系统	采暖热源子系统	计划性维修(基于状态的维修) 计划性维修(预先维修)	是指以燃煤锅炉、燃气锅炉、燃油锅炉、电锅炉、蒸汽锅炉、热泵机组等热源或热源辅助设备通过热交换来提供热的系统。对于大型贵重的设备进行状态监控,建议采用计划性维修(基于状态的维修);对于小型、较难监控,实施不易,不经济的设备,采用计划性维修(预先维修)	分情况采用不同维修活动

续表 5-1

序号	分系统	子系统	维修类型	维修描述	备注
5	供热采暖分系统	室外供热管网（大修）	计划性维修（基于状态的维修）计划性维修（预先维修）	是指市政集中供热或设备用房房源开始至供热终端向用户输送和分配供热介质的室外管线系统。对于大型贵重的设备进行状态监控，建议采用计划性维修（基于状态的维修）；对于小型、较难监控、实施容易、不经济不重要的设备，采用计划性维修（预先维修）	分情况采用不同维修活动
		室内供热管道（大修）	修复性维修（即时维修）	是指室内采暖主管道，分支干管构成的子系统。不易进行状态监控，但其故障会导致供热不及时，建议采用修复性维修（即时维修）	
		末端设备（大修）	修复性维修（即时维修）	是指室内散热设备，包括散热器、地暖、发热电缆、电热膜等，不易进行状态监控，但其故障会影响室内工作舒适性，建议采用修复性维修（即时维修）	
	空调通风分系统	空调冷热源设备子系统	计划性维修（基于状态的维修）计划性维修（预先维修）	是指用人工方法通过消耗一定能源消除室内供给热量，使室内保持生活或工作所需温度的冷源或热源制备装置。系统装置一般较为贵重，维修费用较高，可进行设备状态监控，建议采用计划性维修（基于状态的维修）；对于小型、较难监控、实施不易、不经济的设备，采用计划性维修（预先维修）	分情况采用不同维修活动
		空调水子系统	计划性维修（基于状态的维修）计划性维修（预先维修）	是指以水为介质传递室内冷热负荷，消除室内供给热量，使室内供给热量或消除室内余热的管路系统和输送、分配装置及附属装置。系统装置一般较为贵重，维修费用较高，可进行设备状态监控，建议采用计划性维修（基于状态的维修）；对于小型、较难监控、实施不易、不经济的设备，采用计划性维修（预先维修）	分情况采用不同维修活动
		空调风子系统	计划性维修（基于状态的维修）计划性维修（预先维修）	是指以空气为介质传递室内冷热负荷，消除室内余热余湿向室内供给热量和输送、分配装置及附属设备。消除室内余热余湿的风管系统和湿度的风管系统，可进行设备状态监控，维修费用较高，建议采用计划性维修（基于状态的维修）；对于小型、较难监控、实施采用计划性维修、采用计划性维修（预先维修）	分情况采用不同维修活动
6		通风子系统	计划性维修（基于状态的维修）计划性维修（预先维修）	使室内空气符合卫生标准及相关生活生产要求的风管系统和输送、分配装置及附属设备。系统装置一般较为贵重，维修费用较高，可进行设备状态监控；对于小型、较难监控、较难监控、实施不易、不经济的设备，采用计划性维修（预先维修）	分情况采用不同维修活动

续表 5-1

序号	分系统	子系统	维修类型	维修描述	备注
6	空调通风分系统	水冷冷水机组	计划性维修（预先维修）	通过向冷却水排放热量制备低温水的制冷装置。因此类装置为相关工作活动提供冷热水服务，其损坏会影响相关工作正常进行，建议采用计划性维修（预先维修）	
		风冷冷热水机组	计划性维修（预先维修）	通过直接与空气进行冷热交换制备冷热水的装置。因此类装置为相关工作活动提供冷热水服务，其损坏会影响相关工作正常进行，建议采用计划性维修（预先维修）	
		水地源热泵机组	计划性维修（预先维修）	通过与地能（地下水、土壤或地表水）进行冷热交换制备冷热水的装置。因此类装置为相关工作活动提供冷热水服务，其损坏会影响相关工作正常进行，建议采用计划性维修（预先维修）	
		变冷媒流量多联机	计划性维修（基于状态的维修） 计划性维修（预先维修）	是指一台或数台风冷室外机连接数台相同或不同型式、容量的直接蒸发式室内机构成的变冷媒流量空调系统。系统装置一般较为贵重，维修费用较高，可进行状态监控，建议采用计划性维修（基于状态的维修）。对于小型、较难监控、实施不易、不经济的设备，采用计划性维修（预先维修）	分情况采用不同维修活动
		溴化锂吸收式冷热水机组	计划性维修（预先维修）	在真空经状态下分别或同时制备冷水或制备热水的装置。因此类装置为相关工作活动提供冷热水服务，其损坏会影响相关工作正常进行，建议采用计划性维修（预先维修）	
7	电梯分系统	曳引驱动电梯	计划性维修（基于状态的维修） 计划性维修（预先维修）	提升绳依靠曳引主机的驱动轮绳槽的摩擦力驱动的电梯。电梯设备较为贵重，电梯故障会引发安全事故，因此在电梯系统中，对于大型贵重的设备进行状态监控，建议采用计划性维修（基于状态的维修）；对于小型、较难监控、实施不易、不经济的设备，采用计划性维修（预先维修）	分情况采用不同维修活动
		机械式停车设备	计划性维修（预先维修）	采用机械方法存取停放汽车的机械装置或设备系统，简称停车设备。停车设备会对正常工作造成较大影响，但其维修不易，费用较高，可采取计划性维修（预先维修）	
		强制式电梯	计划性维修（基于状态的维修） 计划性维修（预先维修）	用链或钢丝绳悬吊的非摩擦方式驱动的电梯。电梯设备较为贵重，电梯故障会引发安全事故，因此在电梯系统中，对于大型贵重的设备进行状态监控，建议采用计划性维修（基于状态的维修）；对于小型、较难监控、实施不易、不经济的设备，采用计划性维修（预先维修）	分情况采用不同维修活动

续表 5-1

序号	分系统	子系统	维修类型	维 修 描 述	备注
7	电梯分系统	曳引机子系统	计划性维修（预先维修）	曳引系统由曳引机、曳引钢丝绳、导向轮、返绳轮、制动器组成，主要输出与传递动力，以驱动电梯运行。因系统主要由小型设备构成，不易监控，采用计划性维修（预先维修）	
		导向子系统	计划性维修（预先维修）	导向系统用来限制轿厢和对重只能沿着导轨运动，其组成部件有对重导轨、导靴、导轨架。因系统主要由小型设备构成，不易监控，采用计划性维修（预先维修）	
		轿厢子系统	计划性维修（预先维修）	用以运送乘客或货物的电梯组件，它由轿厢架和轿厢体组成。因系统主要由小型设备构成，不易监控，采用计划性维修（预先维修）	
		门子系统	计划性维修（预先维修）	门系统主要组成为轿厢门、层门、门锁、开门机、关门防夹装置。因系统主要由小型设备构成，不易监控，采用计划性维修（预先维修）	
		重量平衡子系统	计划性维修（基于状态的维修）	对重、补偿链（绳）组成了重量平衡系统，用以平衡轿厢重量以及补偿高层电梯中曳引绳重量的影响。因系统主要由小型设备的维修	
		电力拖动子系统	计划性维修（基于状态的维修）	电力拖动系统由曳引电机、供电系统、速度反馈装置、调速装置组成。因系统装置较大，并为电梯核心系统，可采用计划性维修（基于状态的维修）	
		电气控制子系统	计划性维修（基于状态的维修）	电气控制系统由操纵装置、位置显示装置、控制屏、平层装置、选层装置等组成。它的作用是对电梯的运行实行操纵和控制。因系统装置较大，并为电梯核心系统，可采用计划性维修（基于状态的维修）	
		安全防护子系统	计划性维修（预先维修）	是指由安全防护机构和安全防护装置组成，保证停车设备安全使用的系统。因系统主要由小型设备构成，不易监控，采用计划性维修（预先维修）	
8	电气分系统	变配电子系统	计划性维修（基于状态的维修）修复性维修（即时维修）	是指通过一定的设备变换电压，接受和分配电能的电工装置的组合。对于大型贵重的设备进行状态监控，建议采用计划性维修；对于小型经济的设备，对正常工作影响较小的，采用修复性维修	分情况采用不同维修活动

续表5-1

序号	分系统	子系统	维修类型	维修描述	备注
8	电气分系统	供电干线子系统	修复性维修(即时维修)	是指低压配电室到电箱的线路及通道,包括低压供电干线电缆、全密封式母线槽,电缆通道等。监控不易,但其故障会影响正常供电,应采取修复性影响复性维修(即时维修)	
		电气动力子系统	修复性维修(即时维修)	是指为集中空调、风机、消防、电梯、泵房等负荷供电的电气设备组合。因其数量较多,监控不易,但其故障会影响正常供电,应采取修复性维修(即时维修)	
		照明子系统	修复性维修(即时维修)	是指利用电能转变为光能进行人工照明的各种设施的组合。因其数量较多,监控不易,但其故障会影响正常工作进行,应采取修复性维修(即时维修)	
		备用电源子系统	修复性维修(即时维修)	主要是为了防止受电设备在长时间使用过程中发生断电或是没电的条件下所备用的电源装置及附属设备设施。因其数量较多,监控不易,但其故障会影响正常供电,应采取修复性维修(即时维修)	
		防雷接地子系统	修复性维修(即时维修)	主要是为了防止受电设备在长时间使用过程中发生断电或是没电的条件下所备用的电源装置及附属设备设施。因其数量较多,监控不易,但其故障会影响正常工作进行,应采取修复性维修(即时维修)	
9	建筑智能化分系统	公共安全系统	修复性维修(即时维修)	包括的子系统有:视频监控系统、防盗报警系统、门禁系统(含一卡通、考勤、消费)、电子巡更管理系统、停车场管理系统、电梯五方对讲系统。因其数量较多,监控不易,但其故障会影响正常工作进行,应采取修复性维修(即时维修)	
		信息设施系统	修复性维修(即时维修)	包括的子系统有:综合布线系统(数据、语音)、计算机网络系统(含无线网络)、楼内无线信号覆盖系统等。因其数量较多,监控不易,但其故障会影响正常工作进行,应采取修复性维修(即时维修)	
		建筑设备监控系统	修复性维修(即时维修)	包括的子系统有:房屋自控系统(含能量计量、空调控制、智能照明(建筑景观照明、航空障碍照明)系统等。因其数量较多,监控不易,但其故障会影响正常工作进行,应采取修复性维修(即时维修)	
		视频监控系统	修复性维修(即时维修)	由录像录音、传输、控制,显示、存储等设备组成,主要功能是对建筑物相关区域进行实施录像和监视,以及能方便地查询、取证,为事后调查提供依据。因其数量较多,监控不易,但其故障会影响正常工作进行,应采取修复性维修(即时维修)	

续表 5-1

序号	分系统	子系统	维修类型	维 修 描 述	备注
9	建筑智能化分系统	防盗报警系统	修复性维修（即时维修）	由防盗报警探测器、报警控制器、信号传输、报警显示等设备组成。因其数量较多，监控不易，但其故障会影响修复性工作进行，应采取修复性维修（即时维修）	
		门禁系统（含一卡通、考勤、消费）	修复性维修（即时维修）	由门禁控制器（门禁主机、读卡器（含卡片、密码、生物识别等）、电磁锁、可视对讲设备及其配套电源和相关管理软件组成。因其数量较多，监控不易，但其故障会影响正常工作进行，应采取修复性维修（即时维修）	
		电子巡更管理系统	修复性维修（即时维修）	由电子巡更器、通信座、巡更点、巡更管理主机等设备组成。因其数量较多，监控不易，但其故障会影响正常工作进行，应采取修复性维修（即时维修）	
		停车场管理系统	修复性维修（即时维修）	由管理软件、网络设备、车道管理设备等组成。因其数量较多，监控不易，但其故障会影响正常工作进行，应采取修复性维修（即时维修）	
		电梯五方对讲系统	修复性维修（即时维修）	由管理主机、轿厢分机、机房分机等连接线路组成。因其数量较多，监控不易，但其故障会影响正常工作进行，应采取修复性维修（即时维修）	
		综合布线系统	修复性维修（即时维修）	以模块化的组合方式，把语音、数据、图像和部分控制信号用统一的传输媒介进行综合连接。因其数量较多，监控不易，但其故障会影响正常工作进行，应采取修复性维修（即时维修）	
		计算机网络系统（含无线网络）	修复性维修（即时维修）	是利用通信设备和线路将地理位置不同、功能独立的多个计算机系统互联起来。因其数量较多，监控不易，但其故障会影响正常工作进行，应采取修复性维修（即时维修）	
		楼内无线信号覆盖系统	修复性维修（即时维修）	是指利用室内天线分布系统将移动基站的信号均匀分布在室内每个角落。因其数量较多，监控不易，但其故障会影响正常供电，应采取修复性维修（即时维修）	
		有线电视及卫星接收系统	修复性维修（即时维修）	用射频电缆、光缆、多路微波或其他组合来传输、分配和交换声音、图像及数据信号的电视系统。因其数量较多，监控不易，但其故障会影响正常供电，应采取修复性维修（即时维修）	

续表 5-1

序号	分系统	子系统	维修类型	维 修 描 述	备注
9	建筑智能化分系统	多媒体信息发布系统(大屏及楼道屏幕显示、信息查询)	修复性维修(延时维修)	是利用 LED 液晶显示屏将单位/企业宣传、实时通知等全方位展现出来的一种高清多媒体显示技术。因其数量较多,监控不易,其故障对正常工作影响不大,建议可采用修复性维修(延时维修)	
		会议系统(含音频系统、远程会议系统)	修复性维修(即时维修)	会场播放和显示远端会场传送的声音、图像、数据等多媒体信息的系统。因其数量较多,监控不易,但其故障会影响正常工作进行,应采取修复性维修(即时维修)	
		时钟系统	修复性维修(延时维修)	传统叫法为"子母钟",是一个母钟带多个子钟,母钟使子钟的时间与自己的时间一致,从而使时钟系统的时间统一。因其数量较多,监控不易,其故障对正常工作影响不大,建议可采用修复性维修(延时维修)	
		房屋自控(含能量计量、空调监控系统)子系统	计划性维修(基于状态的维修)	由中控制主机,各类传感探测器,信号传输网络,计量设备,控制软件等组成,能够实时监视和控制建筑物内的空调、电梯、消防、供配电等系统的运行状态、故障监测、记录,对建筑设备进行高效率管理。因其可起到对其他设备系统进行状态监控的作用,应确保其工作正常,采用计划性维修(基于状态的维修)	
		智能照明系统	修复性维修(即时维修)	通过监测建筑物各照明系统状况,对部分系统,尤其是对房屋亮化、公共区域照明系统进行各种控制的系统。因其数量较多,监控不易,但其故障会影响正常工作进行,应采取修复性维修(即时维修)	
		消防自动报警子系统(含城市区域集中报警系统)	计划性维修(预先维修)	为人员疏散,防止火灾蔓延和启动自动灭火设备提供控制与指示的系统。因此系统出故障,会引起相关安全事故,应确保其在紧急情况下能正常运行,建议采用计划性维修(预先维修)	
		背景音乐及紧急广播系统	修复性维修(延时维修)	为公共广播覆盖区域服务的所有公共广播设备、设施。因其数量较多,监控不易,其故障对正常工作影响不大,建议采用修复性维修(延时维修)	
		机房工程	计划性维修(预先维修)	为确保各系统安全、稳定和可靠运行与维护的建筑环境而实施的综合工程。数量较多,监控不易,因其对其他系统安全稳定至关重要,建议采用计划性维修(预先维修)	

究。本着全面性、科学性、可操作性、可比性和相对独立性这五个原则,在对相关技术规程、设计要求、维护方案、验收规范和文献进行研究的基础上,共选取了 13 项质量评价指标,这些指标从实体的结构性能(指标 1,同时参考指标 2～6)、尺寸偏差(指标 2～6)、质量记录(指标 7～9)和观感质量(指标 10～13)四个方面综合反映了混凝土主体结构的维护质量,如表 5-2 所示[97-101]。考虑到下文实现质量评价信息与 BIM 的映射时,需要以构件为单位添加质量参数,表 5-2 中还列出了各评价指标适用的主体结构构件。其中,除了构件轴线位置偏差一般不用于描述板构件,构件层高标高和层高垂直度偏差不用于描述水平方向上的梁和板构件外,其他 10 项评价指标对于主体结构的梁、板、柱、墙构件全部适用。

表 5-2　混凝土主体结构维护质量评价指标

序号	评价指标	适用构件	指标说明
1	实体混凝土强度	梁、板、柱、墙	反映混凝土实体结构性能的指标。判定同条件养护试件的检查结果是否符合规范和设计要求,根据其检查结果的优劣进行评定
2	钢筋保护层厚度偏差	梁、板、柱、墙	反映混凝土实体尺寸偏差的指标。检查各项指标的实测偏差值是否符合规范和设计要求
3	构件轴线位置偏差	梁、柱、墙	
4	构件层高标高偏差	柱、墙	
5	构件层高垂直度偏差	柱、墙	
6	构件截面尺寸偏差	梁、板、柱、墙	
7	原材料记录完整性	梁、板、柱、墙	反映质量记录情况的指标。需要对原材料出厂合格证和进场验收记录,质量验收记录和反映原材料(或构件)性能的试验记录的完整性进行检查
8	试验记录完整性	梁、板、柱、墙	
9	记录完整性	梁、板、柱、墙	
10	裂缝	梁、板、柱、墙	反映混凝土实体观感质量的指标。通过观察的方法检查实体构件的各项指标是否符合规范和设计要求
11	连接部位可靠性	梁、板、柱、墙	
12	蜂窝	梁、板、柱、墙	
13	疏松	梁、板、柱、墙	

5.4.2　基于 BP 神经网络的维护维修质量评价

实现维护维修质量评价信息与 BIM 的映射,除了将表 5-2 中的评价指标值集成到 BIM 外,还要将对应评价结果集成到 BIM。这就需要先获取评价指标值并将其量化,再根据量化的评价指标值对维护质量进行评价,从而得出评价结果。本节通过建立 BP 神经网络模型预测质量评分,实现质量评价,为后文质量信息与 BIM 的映射以及可视化评价的实现做准备,其具体步骤如下。

(1) 设计 BP 神经网络结构

网络结构包括网络层数、各层节点数、激励函数等。网络层数决定了神经网络的复杂度、处理问题的能力和收敛速度;输入层节点数取决于输入矢量的维数,即评价指标体系的指标数;隐含层节点数根据网络实际训练情况来确定;输出层节点数由期望输出的评价结果确定。

（2）获取样本集数据

根据已确定的 BP 神经网络结构，选取合适的工程项目数据并将其量化，作为输入参数和期望输出对神经网络进行训练和检测。数据真实有效的样本集对于训练 BP 神经网络，确定合理的映射关系，以提高质量评分预测的准确性非常重要。

（3）评价模型的 MATLAB 实现

利用获取的样本集，结合 MATLAB 软件实现 BP 神经网络模型的训练和学习，最终确定输入参数和输出值之间的映射关系，用于今后质量评分的预测。

（4）确定维护质量等级

以上三个步骤完成了基于 BP 神经网络的维护质量评分的预测，还需要根据评分特征找到合理的等级划分依据，才能确定维护质量等级，最终完成维护质量评价，其具体实现过程如下。

5.4.2.1　评价模型结构的设计

1）评价模型层数的确定

当网络各节点具有不同阈值时，单隐含层的网络可以逼近闭区间内的任一连续函数，故三层网络就可实现 n 维到 m 维的任意映射[102]。因此，采用含有单隐含层的网络，即评价模型包括输入层、单隐含层和输出层三层。

2）评价模型输入层节点数的确定

可将表 5-2 中确定的 13 项评价指标的指标值作为 BP 神经网络模型的输入参数，即评价模型的输入层节点数为 13。

3）评价模型输出层节点数的确定

评价模型输出层节点数需要根据预期的输出结果来确定。通过评价模型得到混凝土主体结构的维护质量评分（百分制），即评价模型的输出层节点数为 1。

4）评价模型隐含层节点数的确定

神经网络的隐含层节点数通常采用公式 $L < \sqrt{m+n} + a$ 来确定。其中，L 为隐含层节点数（正整数），m、n 分别为输入层和输出层节点数，a 为 0～10 的常数。根据上述公式，BP 神经网络评价模型的隐含层节点数为 4～13 的常数。建模计算时可以不断更换该范围内的常数进行试算，直至找到训练结果最佳时对应的常数，并将其最终确定为隐含层节点数。

5）节点传递函数的确定

通过节点传递函数实现 BP 神经网络当中输入层与隐含层（称为隐含层传递函数）、隐含层与输出层（称为输出层传递函数）之间的参数传递，常用的节点传递函数有正切 S 型函数 tansig、对数 S 型传递函数 logsig 和线性传递函数 purelin。隐含层和输出层函数的不同组合，对 BP 神经网络的预测精度有较大影响，表 5-3 列出了在网络结构和权值、阈值相同的情况下，各组合预测误差和均方误差的对比情况。由表 5-3 可知，（logsig，purelin）和（tansig，purelin）组合的预测结果精确度较高，这里初步确定这两种组合方式,下文建模时通过试算确定最优组合。

表 5-3　不同转移函数对应预测误差[103]

隐含层传递函数	输出层传递函数	误差百分比	均方误差
logsig	tansig	40.63%	0.902 5
logsig	purelin	0.08%	0.000 1
logsig	logsig	352.65%	181.251 1
tansig	tansig	31.90%	1.173 3
tansig	logsig	340.90%	162.969 8
tansig	purelin	1.70%	0.010 7
purelin	logsig	343.36%	143.763 34
purelin	tansig	120.08%	113.028 1
purelin	purelin	196.49%	99.012 1

5.4.2.2　评价模型样本集数据的获取和量化

评价模型样本集数据的获取和量化是指输入参数值和期望输出值初始数据的获取及其量化,具体内容如下:

1) 输入参数值的获取和量化

工程维护过程中产生的关于 13 项评价指标的描述方式并不统一,需要对其进行规范化的量化处理,才能作为 BP 神经网络的输入参数。首先按照描述方式的不同对其进行简单分类,如表 5-4 所示,然后进行如下量化处理。

表 5-4　维护质量评价指标的分类

类别	指标
第一类	实体混凝土强度、原材料记录完整性、试验记录完整性、记录完整性
第二类	钢筋保护层厚度偏差、构件轴线位置偏差、构件层高标高偏差、构件层高垂直度偏差、构件截面尺寸偏差
第三类	裂缝、连接部位可靠性、蜂窝、疏松

(1) 第一类指标:实体混凝土强度和质量记录完整性通过十分制评分的形式量化描述。其中,实体混凝土强度通过检查同条件养护试件的检测报告对混凝土强度和破损情况进行评分;质量记录完整性通过检查原材料出厂合格证和进场验收记录、现场试验报告和记录对其进行评分,评分时主要考察资料是否真实有效,数据是否齐全,内容填写是否正确,以及审签手续是否完备等。

(2) 第二类指标:维护质量验收时借助测量仪器和工具对该类指标的实际偏差值进行测量,其初始记录值罗列了各检查部位的实测偏差值,是数值形式。这里以平均绝对偏差值,即所有实测偏差值的绝对值的平均数对其进行量化描述(单位:mm)。

(3) 第三类指标:维护质量验收时通过观察的方法检查该类指标是否符合规范和设

计要求。质量记录中通常以"好""一般"和"差"来描述检查结果,因验收合格的工程不存在检查结果为"差"的情况,故以检查结果为"好"的检查部位数量占所有检查部位数量的百分比进行量化描述。

对各项指标进行量化描述的过程中,首先分检验批对各项评价指标进行统计计算,所得结果作为 BIM 中构件的质量参数(即区分检验批添加构件参数值);然后以主体结构工程包括的全部检验批的各项指标均值作为 BP 神经网络评价模型的输入参数。

2)期望输出值的获取和量化

BP 神经网络样本集中输出参数的期望值可以从工程结构质量综合评价表中查得,表中的"结构工程评价得分合计"即输出参数的期望值,其初始记录值是数值形式,直接放到模型中进行归一化即可。

3)样本集数据

通过调研共搜集到 24 组样本集数据,如表 5-5、表 5-6 所示。

表 5-5　BP 神经网络样本集数据(1)

指　标	1	2	3	4	5	6	7	8	9	10	11	12
实体混凝土强度	10	10	8.5	8.5	7	7.5	8	10	9	10	8.5	7
钢筋保护层厚度偏差	2.45	1.95	3.87	4.10	4.65	4.25	3.51	3.07	4.25	3.13	4.47	3.22
构件轴线位置偏差	3.17	3.42	5.26	4.92	7.20	6.91	3.97	3.95	6.18	2.94	3.26	7.10
构件层高标高偏差	3.95	2.60	6.10	5.97	8.90	7.33	8.36	4.22	7.01	4.00	6.12	8.76
构件层高垂直度偏差	4.40	3.74	5.00	5.03	5.35	6.40	7.04	4.19	4.70	3.10	3.09	6.49
构件截面尺寸偏差	2.88	2.42	3.22	4.40	6.17	5.39	2.16	2.20	5.60	2.46	3.34	5.17
原材料记录完整性	10	9	8.5	7	8	7	8.5	9	8	9	8.5	7
试验记录完整性	10	9	8.5	8	7	8.5	7	9	7	10	8.5	7
记录完整性	10	10	8	8.5	8	9	8	9	9	10	9	8
裂缝	1	0.95	0.80	0.70	0.75	0.65	0.50	0.80	0.65	0.85	0.80	0.45
连接部位可靠性	1	0.90	0.85	0.80	0.70	0.50	0.60	0.75	0.70	0.70	0.80	0.50
蜂窝	0.90	1	0.80	0.80	0.45	0.80	0.75	0.70	0.80	0.60	0.60	0.40
疏松	1	0.90	0.90	0.75	0.60	0.60	0.70	0.80	0.70	0.65	0.75	0.75
主体结构维护质量评分	95.5	93.0	84.5	79.0	73.5	77.0	77.0	88.5	80.5	90.5	84.5	71.5

表 5-6　BP 神经网络样本集数据(2)

指　标	13	14	15	16	17	18	19	20	21	22	23	24
实体混凝土强度	9	8.5	9	10	9	10	10	8.5	9	10	9	8.5
钢筋保护层厚度偏差	3.69	2.84	4.37	3.90	4.12	3.77	4.50	2.98	4.02	3.40	4.00	4.20
构件轴线位置偏差	4.05	4.30	3.59	4.89	5.35	4.00	6.50	6.11	5.00	4.07	5.01	5.50

续表 5-6

指　　标	13	14	15	16	17	18	19	20	21	22	23	24
构件层高标高偏差	3.91	8.50	6.16	5.05	8.17	5.26	7.73	6.00	4.29	3.87	3.32	6.79
构件层高垂直度偏差	4.20	3.27	5.23	3.77	3.46	4.49	6.50	5.83	4.16	3.70	3.17	3.21
构件截面尺寸偏差	2.77	2.11	4.29	3.62	3.04	3.60	3.71	3.80	5.21	2.96	4.13	2.79
原材料记录完整性	8.5	9	75	10	9	10	10	9	10	10	10	9
试验记录完整性	8.5	10	8.5	9	8.5	9	10	9	10	9	9	9
记录完整性	10	10	8.5	10	10	9	10	10	10	10	10	10
裂缝	0.75	0.50	0.75	0.85	0.80	0.90	0.70	0.70	0.90	0.85	0.75	0.75
连接部位可靠性	0.85	0.75	0.75	0.80	0.70	0.90	0.55	0.80	1	0.80	0.70	0.85
蜂窝	0.80	0.80	0.87	0.90	0.85	1	0.40	0.50	0.75	0.90	0.80	0.60
疏松	0.70	0.75	0.80	0.85	0.90	0.80	0.65	0.45	0.80	0.90	0.55	0.80
主体结构维护质量评分	87.0	87.5	83.0	92.5	88.5	91.5	89.5	87.0	90.5	93.0	89.0	87.0

5.4.2.3　评价模型的 MATLAB 实现

应用 MATLAB R2016b 软件,通过编码实现基于 BP 神经网络的维护质量评价模型的建立,具体过程如下:

1) 环境准备和数据预处理

首先通过"clear"命令清空环境变量,然后通过"load"命令导入 24 组样本集数据,并随机选择 20 组样本数据作为评价模型的训练样本,另外 4 组作为检测样本。样本分配完成后对数据进行归一化处理,即将不同量纲、不同数量级的数据全部规范化为 0~1 的无量纲实数。代码如图 5-2 所示。

图 5-2　环境准备和数据预处理代码

2）BP 神经网络的构建、训练和预测

首先通过"net＝newff( )"函数构建 BP 神经网络,然后设置网络参数并进行训练,最后预测网络输出值。代码如图 5-3 所示。通过多次试算确定隐含层节点数为 5、节点传递函数为(tansig,purelin)组合时,网络训练和预测效果最佳。

```
16          %BP神经网络构建
17   -      net=newff(inputn,outputn,5,{'tansig','purelin'},'traingdx');
18          %网络参数配置
19   -      net.trainParam.show=10;
20   -      net.trainParam.epochs=5000;
21   -      net.trainParam.goal=1.0e-8;
22   -      net.trainParam.mc=0.8;
23   -      net.trainParam.max_fail=20;
24          %BP神经网络训练
25   -      [net,tr]=train(net,inputn,outputn);
26          %预测数据归一化
27   -      inputn_test=mapminmax('apply',input_test,inputps);
28          %BP神经网络预测输出
29   -      an=sim(net,inputn_test);
30          %输出结果反归一化
31   -      BPoutput=mapminmax('reverse',an,outputps);
```

图 5-3 BP 神经网络的构建、训练和预测代码

3）预测图形输出和结果分析

通过图 5-4 中的代码实现 BP 神经网络预测结果误差折线图和预测值—期望值对比结果折线图的输出。

```
32          %网络预测结果图形
33   -      figure(1)
34   -      plot(BPoutput,':og')
35   -      hold on
36   -      plot(output_test,'-*')
37   -      legend('预测输出','期望输出')
38   -      title('BP网络预测输出','fontsize',12)
39   -      ylabel('函数输出','fontsize',12)
40   -      xlabel('样本','fontsize',12)
41          %网络预测误差图形
42   -      error=BPoutput-output_test;
43   -      figure(2)
44   -      plot(error,'-*')
45   -      title('BP网络预测误差','fontsize',12)
46   -      ylabel('误差','fontsize',12)
47   -      xlabel('样本','fontsize',12)
```

图 5-4 预测图形输出代码

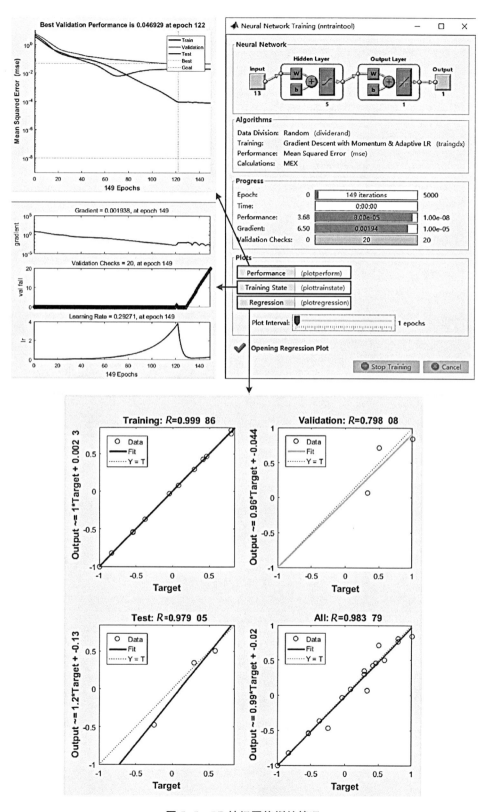

图 5-5　BP 神经网络训练情况

BP 神经网络的训练情况如图 5-5 所示,神经网络经过 149 次训练达到最优,均方误差为 $8.00 \times e-5$,梯度为 $0.001\ 94$,耗时短,拟合性好,训练效果较理想,可以实现预测。神经网络预测结果如图 5-6 所示,4 个检测样本的预测误差率分别为 -1.27%、-0.24%、0.11% 和 -0.37%,均小于 5%,预测结果理想,满足要求。

综上所述,应用 BP 神经网络建立维护质量评价模型,能够较准确地预测运维管理质量评分,为质量等级的确定提供了依据。

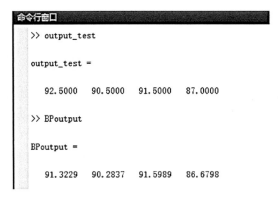

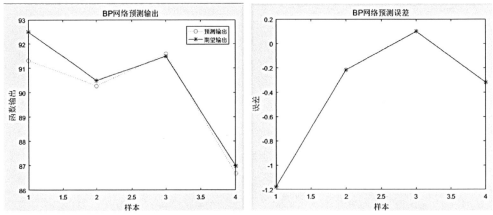

图 5-6 BP 神经网络预测结果

5.4.3 维护维修质量评价信息与 BIM 的映射

要实现维护维修质量评价信息与 BIM 的映射,从而实现可视化,简单地通过 Revit 软件向 BIM 中添加一些质量信息是远远不够的,而应该从质量信息的数据交换标准和信息与模型的集成两个维度共同实现维护质量评价信息与 BIM 的映射。这就需要先对质量信息进行基于 IFC 的扩展与表达,再将其集成到 BIM 当中,如图 5-7 所示。其中,前者是在 IFC 标准中纳入维护质量评价信息,为今后实现不同软件对 BIM 中质量信息的交换和共享需求提供了可能;后者可通过在 Revit 模型中纳入质量信息来实现,这在最终实现维护质量评价信息与 BIM 映射的同时,进一步实现质量信息与 IFC 文件的集成。因此,只有同时完成基于 IFC 的质量信息的扩展和表达,以及基于 BIM 的质量信息的集成,才

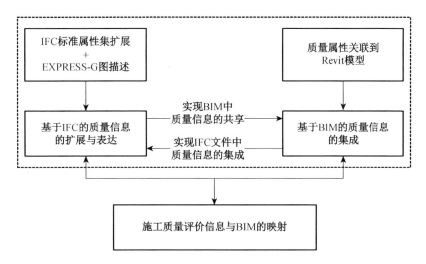

图 5-7　维护质量评价信息与 BIM 映射的实现

是在真正意义上实现了维护质量评价信息与 BIM 的映射。

5.4.3.1　基于 IFC 的维护质量评价信息的扩展

1）扩展方式和扩展流程

IFC 标准是在 20 世纪 90 年代，由国际协同联盟（International Alliance of Interoperability，IAI）提出的基于 EXPRESS 语言的建筑行业产品交互标准，其全称为工业基础类（Industry Foundation Classes，IFC）。IFC 标准体系是开放性的，使用者可以参照 IFC 标准体系的模型架构，根据自己的实际需求，对 IFC 数据模型进行扩展。IFC 标准对数据模型的扩展提供了以下三种扩展机制：基于增加实体定义的扩展、基于 IfcProxy 实体的扩展和基于属性集的扩展[104]。

（1）基于增加实体定义的扩展

这种 IFC 扩展方式需要自定义原有 IFC 标准中未包括的新的实体。同时，为了确保新的实体类型能够和 IFC 数据模型良好融合，还需要对新实体与原有实体间的关联关系和派生关系进行合理的描述，避免引起模型体系的歧义和冲突[105]。基于增加实体类型的 IFC 扩展机制是对 IFC 模型本身定义的扩充和更新，已经超出了 IFC 标准原有的模型体系。该方法难度高、兼容性低，多在 IFC 版本升级过程中使用。

（2）基于 IfcProxy 实体的扩展

这种扩展方式是利用 IFC 中的 IfcProxy 实体，对 IFC 数据模型进行扩展。IfcProxy 实体是一个可实例化的抽象实体类型。依照不同使用者的不同需求，通过实例化该实体，借助属性 ProxyType 和 Tag 对新定义的实体信息进行描述，达到对 IFC 数据模型进行扩展的目的[106]。

（3）基于属性集的扩展

属性集是用于描述 BIM 模型信息的多个属性的集合。基于属性集的扩展方式仅根据自身需求进行属性自定义，不增加新的实体类型，不会对原有 IFC 模型体系产生影响,相对而言难度低、兼容性较高。当扩展的 IFC 数据信息不是很复杂时,常选用该方法。

本节需要基于 IFC 对维护质量评价信息进行扩展。由于这些质量信息是对梁、板、柱和墙的质量情况进行描述,可以把梁、板、柱和墙当作 IFC 标准中的实体,质量信息则相当于 IFC 标准中对实体特性进行描述的属性。而现有的 IFC4 标准中对梁、板、柱和墙实体已有标准化定义,因此,这里选用基于属性集的扩展方式对质量信息进行扩展。选用该方式既不需要改变原有 IFC 标准的体系结构,又满足了将质量信息纳入 IFC 标准中的需求,便捷可行,具体扩展流程如图 5-8 所示。首先,需要根据主体结构维护质量评价的特征确定 IFC 标准中的相应实体、属性及其对应关系;其次,根据已确定属性所描述的实体特性的不同,对其进行合理的分类和整理,完成属性集的划分;最后,通过对属性集和属性进行定义,完成基于 IFC 的维护质量评价信息的扩展。

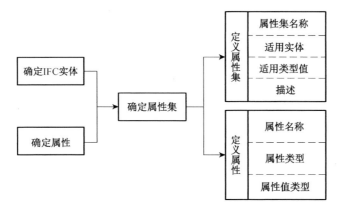

图 5-8　基于 IFC 的维护质量评价信息的扩展流程

2) 质量信息扩展的具体实现

(1) 确定 IFC 实体和属性

表 5-2 中的主体结构构件"梁、板、柱、墙"对应于 IFC 实体,如表 5-7 所示[107];各项维护质量评价指标,以及基于 BP 神经网络预测所得的维护质量评分和维护质量等级对应的属性,如表 5-8 所示。实体和属性间的对应关系与表 5-2 中构件和具体评价指标间的对应关系相同,主体结构维护质量评分和维护质量等级两项属性适用于主体结构的任意构件。

(2) 确定属性集

属性集是指描述共同特性的并且适用于特定实体的一组属性的集合。由于本书是以现浇混凝土主体结构工程为研究对象,上文的评价指标是根据现浇主体结构构件的质量

表 5-7　构件与 IFC 实体对应关系

主体结构构件	梁	板	柱	墙
IfcEntity	IfcBeam	IfcSlab	IfcColumn	IfcWall

表 5-8　维护质量评价指标与 IFC 属性对应关系

序号	质量评价指标	Property
1	实体混凝土强度	BuildingElementConcreteStrength
2	钢筋保护层厚度偏差	ReinforcingBarProtectiveLayerThicknessDeviation
3	构件轴线位置偏差	BuildingElementAxisPositionDeviation
4	构件层高标高偏差	BuildingElementElevationDeviation
5	构件层高垂直度偏差	BuildingElementVerticalityDeviation
6	构件截面尺寸偏差	BuildingElementSectionSizeDeviation
7	原材料记录完整性	RawMaterialRecordIntegrity
8	试验记录完整性	TestRecordIntegrity
9	记录完整性	ConstructionRecordIntegrity
10	裂缝	BuildingElementCrack
11	连接部位可靠性	BuildingElementConnectionReliability
12	蜂窝	BuildingElementSurfacePotholes
13	疏松	BuildingElementConcretePorosity
14	主体结构维护质量评分	StructureConstructionQualityScore
15	主体结构维护质量等级	StructureConstructionQualityLevel

特征确定的,同时结合已确定的实体和属性,这里确定属性集为 PSet_OnsiteConcreteBeam(现浇混凝土梁)、PSet_OnsiteConcreteSlab(现浇混凝土板)、PSet_OnsiteConcreteColumn(现浇混凝土柱)和 PSet_OnsiteConcreteWall(现浇混凝土墙)四类。其中,属性集 PSet_OnsiteConcreteColumn 和 PSet_OnsiteConcreteWall 包括全部 15 项属性,属性集 PSet_OnsiteConcreteBeam 包括除 BuildingElementElevationDeviation 和 BuildingElementVerticality Deviation外的其他 13 项属性,属性集 PSet_OnsiteConcreteSlab 包括除BuildingElementElevationDeviation、BuildingElementVerticalityDeviation 和 BuildingElementAxisPositionDeviation外的其他 12 项属性。

（3）定义属性集和属性

现有 IFC 标准的最新版本 IFC4 中,已经包括了对实体柱、墙、梁、板通用属性的定义,如表 5-9 所示。由于 IFC4 版本标准中柱、墙、梁、板的预定义类型分类太过粗略,并且预定义通用属性中不包括表 5-8 中的 15 项质量属性。因此,需要对上文确定的属性集和属性进行定义。下面结合维护质量评价数据扩展的需要和 IFC 标准中属性集和属性的定义规则,对其进行定义[108-109]。属性集的定义包括属性集名称、适用实体、适用类型值和属性集描述四项内容,具体定义内容如表 5-10 至表 5-13 所示。属性的定义包括属性名、属性类型和属性值类型三项,具体定义内容如表 5-14 所示,表中的属性类型和属性值类型根据量化后的评价指标值来确定。

表 5-9　IFC4 中柱、墙、梁、板实体的预定义属性

属性名	属性类型	属性值类型
Reference	P_SINGLEVALUE	IfcIdentifier
Status	P_ENUMERATEDVALUE	IfcLabel
Span	P_SINGLEVALUE	IfcPositiveLengthMeasure
Slope	P_SINGLEVALUE	IfcPlaneAngleMeasure
Roll	P_SINGLEVALUE	IfcPlaneAngleMeasure
Is External	P_SINGLEVALUE	IfcBoolean
Thermal Transmittance	P_SINGLEVALUE	IfcThermalTransmittanceMeasure
Load Bearing	P_SINGLEVALUE	IfcBoolean
Fire Rating	P_SINGLEVALUE	IfcLabel
Acoustic Rating	P_SINGLEVALUE	IfcLabel
Surface Spread Of Flame	P_SINGLEVALUE	IfcLabel
Compartmentation	P_SINGLEVALUE	IfcBoolean
Pitch Angle	P_SINGLEVALUE	IfcPlaneAngleMeasure
Extend To Structure	P_SINGLEVALUE	IfcBoolean
Combustible	P_SINGLEVALUE	IfcBoolean

表 5-10　IFC 现浇混凝土梁属性集定义

属性集名称	PSet_OnsiteConcreteBeam
适用实体	IfcBeam
适用类型值	IfcBeam/Userdefined/OnsiteConcreteBeam
属性集描述	Properties in this property describe quality of onsite concrete beam, which can provide the basis for construction quality evaluation

表 5-11　IFC 现浇混凝土板属性集定义

属性集名称	PSet_OnsiteConcreteSlab
适用实体	IfcSlab
适用类型值	OnsiteConcreteSlab
属性集描述	Properties in this property describe quality of onsite concrete slab, which can provide the basis for construction quality evaluation

表 5-12　IFC 现浇混凝土柱属性集定义

属性集名称	PSet_OnsiteConcreteColumn
适用实体	IfcColumn
适用类型值	OnsiteConcreteColumn
属性集描述	Properties in this property describe quality of onsite concrete column, which can provide the basis for construction quality evaluation

表 5-13　IFC 现浇混凝土墙属性集定义

属性集名称	PSet_OnsiteConcreteWall
适用实体	IfcWall
适用类型值	OnsiteConcreteWall
属性集描述	Properties in this property describe quality of onsite concrete wall, which can provide the basis for construction quality evaluation

表 5-14　IFC 质量属性定义

序号	属性名	属性类型	属性值类型
1	BuildingElementConcreteStrength	IfcPropertyEnumeratedValue	7.0/7.5/8.0/8.5/9.0/9.5/10
2	ReinforcingBarProtectiveLayerThicknessDeviation	IfcPropertySingleValue	IfcReal
3	BuildingElementAxisPositionDeviation	IfcPropertySingleValue	IfcReal
4	BuildingElementElevationDeviation	IfcPropertySingleValue	IfcReal
5	BuildingElementVerticalityDeviation	IfcPropertySingleValue	IfcReal
6	BuildingElementSectionSizeDeviation	IfcPropertySingleValue	IfcReal
7	RawMaterialRecordIntegrity	IfcPropertyEnumeratedValue	7.0/7.5/8.0/8.5/9.0/9.5/10
8	TestRecordIntegrity	IfcPropertyEnumeratedValue	7.0/7.5/8.0/8.5/9.0/9.5/10
9	ConstructionRecordIntegrity	IfcPropertyEnumeratedValue	7.0/7.5/8.0/8.5/9.0/9.5/10
10	BuildingElementCrack	IfcPropertySingleValue	IfcReal
11	BuildingElementConnectionReliability	IfcPropertySingleValue	IfcReal
12	BuildingElementSurfacePotholes	IfcPropertySingleValue	IfcReal
13	BuildingElementPorosity	IfcPropertySingleValue	IfcReal
14	StructureConstructionQualityScore	IfcPropertySingleValue	IfcReal
15	StructureConstructionQualityLevel	IfcPropertyEnumeratedValue	优良/合格

5.4.3.2 基于 IFC 的维护质量评价信息的表达

在完成了基于 IFC 的维护质量评价信息的扩展后,需要进一步对质量信息进行描述,实现其基于 IFC 的表达。IFC 标准数据模型是采用 EXPRESS 规范化语言来描述的。EXPRESS 语言是国际产品数据描述的规范化语言,通过一系列的说明来进行描述,这些说明主要包括实体说明(Entity)、类型说明(Type)、过程说明(Procedure)、函数说明(Function)和规则说明(Rule)等[110]。EXPRESS 语言提供了两种描述方式:代码形式的 EXPRESS 语言描述和树图形式的 EXPRESS-G 图(一种与 EXPRESS 语言相对应的产品模型图形描述方法,在标准中称为"EXPRESS 语言的图形子集")描述。以代码形式的 EXPRESS 语言对构件实体进行描述时,以"ENTITY"和"END_ENTITY"作为开头和结束标志,"SUPERTYPE OF()"和"SUBTYPE OF()"表示层次关系,这样就可以建立实体间的层次关系(即子类型/父类型)[111],如图 5-9 所示。以树图形式的 EXPRESS-G 图进行描述时,是用图形的方法描述概念(实体一般都表示事物的主体概念,除了实体以外的其他各种数据类型一般用来表示实体的属性)和概念之间的关系[110]。在 EXPRESS-G 图中,包括各种数据类型、模式等的表达方法和图形画法的规定。图 5-10 是 EXPRESS-G 图的常用表达符号汇总。IFC 实体的 EXPRESS-G 图描述实例如图 5-11 所示。

```
ENTITY IfcBeam;
    GlobalId: IfcGloballyUniqueId;
    OwnerHistory: IfcOwnerHisotory;
    Name: OPTIONAL IfcLabel;
    Description: OPTIONAL IfcText;
    ObjectType: OPTIONAL IfcLabel;
    ObjectPlacement: OPTIONAL IfcObjectPlacement;
    Representation: OPTIONAL IfcProductRepresentation;
    Tag: OPTIONAL IfcIdentifier;
END_ENTITY;
```

图 5-9 IFC 实体的 EXPRESS 语言描述[112]

由于手动修改代码形式的 EXPRESS 语言步骤繁琐、工作量大、容易出错,因此,用户根据自身需求对 IFC 标准进行少量的扩展后,常通过 EXPRESS-G 图进行描述,完成对扩展信息的表达。代码形式的 EXPRESS 语言描述则多用于对 IFC 标准体系进行更新后或其他对 IFC 标准进行大量扩展和修改后的情况。本书基于 IFC 的维护质量评价信息的扩展并没有定义新的实体,只是基于属性集进行了扩展,这里选用 EXPRESS-G 图对上文扩展的质量信息进行表达,直观清晰,如图 5-12 所示[114-116]。图 5-12 的 IfcProduct、IfcElement、IfcBuildingElement、IfcPropertySetDefinition 和 IfcPropertySet 五类实体当中,相邻两类实体间为继承关系,以加粗实线表达,圆圈指向子类实体。IfcPropertySet 与 IfcEntity 之间通过 IfcPropertySetDefinition 建立关联关系,这样就可以通过 IfcProperty 包含的维护质量评价信息表达 IfcEntity 的维护质量状况。IfcProperty 实体包括 IfcComplexProperty 和 IfcSimpleProperty 两个子类实体,其中 IfcSimpleProperty 又包括

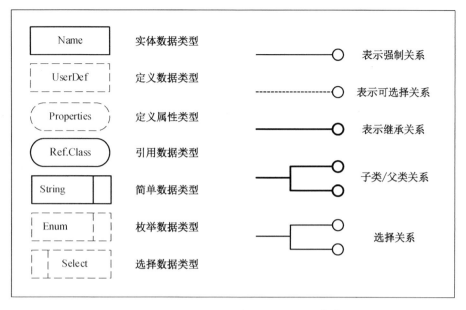

图 5-10　EXPRESS-G 图常用表达符号[110]

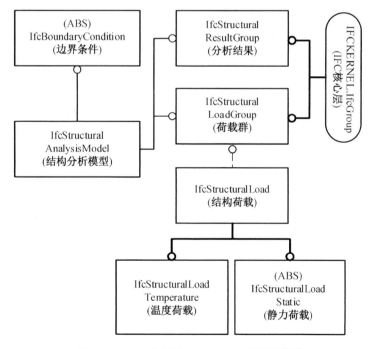

图 5-11　IFC 实体的 EXPRESS-G 图描述[113]

六个子类实体。本书定义的 OnsiteConcreteBeam/Column/Slab/Wall 属性集是实体
IfcBeam/Column/Slab/Wall(该实体继承了 IfcBuildingElement 的全部属性)的可选属
性集,两者间通过虚线连接。图 5-12 的椭圆形虚线框中的内容即表 5-14 定义的 15 项属
性,这些属性是属性集 OnsiteConcreteBeam/Column/Slab/Wall 的显式属性,通过细实线

与属性集相连。15 项属性的属性值根据类型分为枚举值和简单值,其与属性值实体间为强制关联关系,通过细实线连接。图中符号"(ABS)"表示抽象类,是不能直接在建筑项目中显示的实体,其存在是为了其他实体可以作为其超类出现[117-119]。

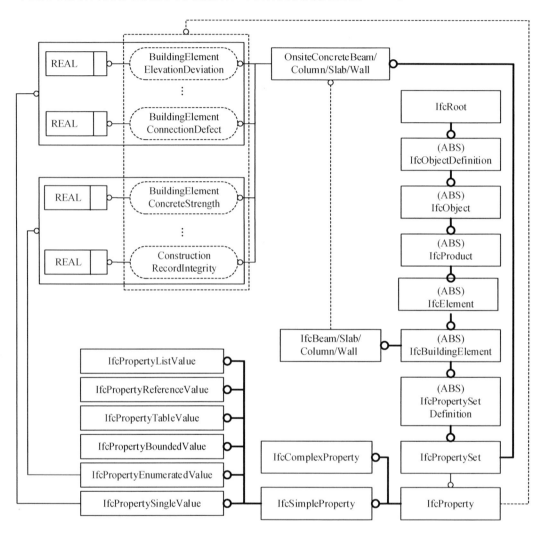

图 5-12 维护质量评价信息 EXPRESS-G 图

5.4.3.3 基于 BIM 的维护质量评价信息的集成

本节内容将结合 Revit 软件介绍如何实现基于 BIM 的维护质量评价信息的集成,并在集成后导出 IFC 文件进行验证,进一步实现质量数据与 IFC 文件的集成,具体质量信息集成流程如图 5-13 所示。

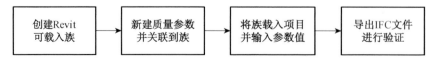

图 5-13 基于 BIM 的维护质量评价信息的集成流程

1）创建 Revit 可载入族

要实现维护质量评价信息与 BIM 的集成,需要新建质量参数并关联到 Revit 族当中。Revit 中的族有两种形式:系统族和可载入族。系统族已在 Revit 中预定义且保存在样板和项目中,用于创建项目的基本图元,如墙、楼板、天花板、楼梯等。Revit 不允许用户创建、复制、修改或删除系统族,但可以复制和修改系统族中的类型,以便创建自定义系统族类型。可载入族是用户自行定义创建的独立保存为.rfa 格式的族文件。可载入族具有高度灵活的自定义特性,因此在使用 Revit 进行设计时最常创建和修改的族为可载入族[78]。本书使用 Revit 提供的族编辑器,自定义新的可载入族。这里以创建矩形结构柱族为例展示族文件的创建过程,为接下来关联质量参数做准备(与建立梁、板、墙族并关联质量参数的方法类似,此处不再赘述),具体操作步骤如下。

图 5-14　新建矩形结构柱族

（1）启动 Revit 2017 软件后单击"族·新建",在弹出的文件选择对话框中选择"公制结构柱"族样板,单击"打开",进入族编辑器模式,如图 5-14 所示。

（2）在族编辑器模式下单击创建选项卡中的"族类型",将"深度"和"宽度"的值分别修改为"600"和"400",单击"应用",如图 5-15 所示。

（3）确定当前视图位于"低于参照标高视图",单击创建选项卡中的"拉伸",进入"修改/创建拉伸"选项卡,选择绘制模式为"矩形"进行绘制,单击"完成编辑"并着色,如图 5-16 所示。

图 5-15　设置柱截面尺寸

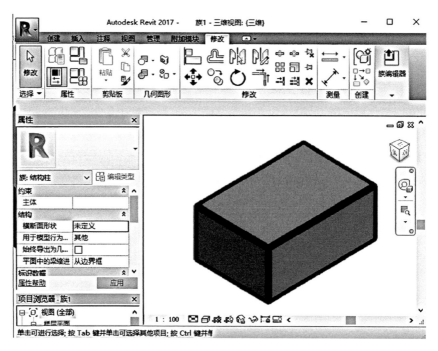

图 5-16 绘制柱并着色

（4）切换到前立面视图，选择已创建的拉伸，拖动顶部和底部的操作加夹点至合适位置并锁定，如图 5-17 所示。至此，矩形结构柱族的创建已完成。

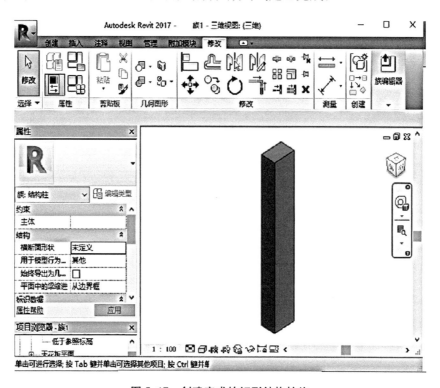

图 5-17 创建完成的矩形结构柱族

2）新建质量参数并关联到族

由图 5-18 的属性对话框和族类型对话框可以看出,新创建的矩形结构柱族的系统自定义参数并不包括质量参数,需要新建质量参数并关联到族。Revit 中存在三种形式的参数,分别是特殊参数、族参数和共享参数。特殊参数是当我们选择不同样板或将族类别选择为不同类型时,系统自动创建的参数,用户只能对其进行重命名,无法对其进行修改和删除。族参数可以通过用户自定义进行创建,但在用明细表进行统计或标记注释的时候无法使用该参数。共享参数是能够通过用户自定义创建的,可被多个项目和族共享,将其载入项目后可以导出到 ODBC 并出现在明细表和标记中。共享参数存储于一个独立于任何族文件或项目文件的 TXT 文件当中,需要时可以关联到族和项目样板中,添加尚未定义的特定数据。为了使新建的参数更具灵活性,应用更加广泛,便于共享、统计和导出,这里参照上文定义的 IFC 属性集和属性,以新建共享参数并关联到族为例进行介绍,从而实现参数化和可视化。

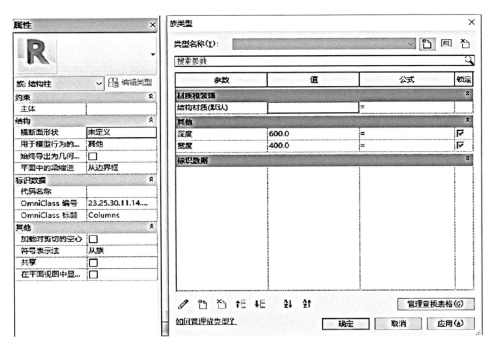

图 5-18　矩形结构柱族的系统自定义参数

（1）单击管理选项卡中的“共享参数”,弹出编辑共享参数对话框,首先选择共享参数的存储文件“主体结构现浇混凝土构件共享参数.txt”。随后,新建参数组“主体结构现浇混凝土构件质量参数”。接下来在该参数组中新建参数,参照已定义的 15 项 IFC 属性,这里需要新建 15 项质量参数。单击“新建参数”,在弹出的参数属性对话框中设置参数名称为“主体结构维护质量评分”,规程选择“公共”,参数类型选择“数值”后单击“确定”,如图 5-19 所示,这样就完成了第一项参数的创建。以相同的方法创建其他 14 项参数,如图 5-20 所示。这些参数保存在 TXT 文件中,如图 5-21 所示。

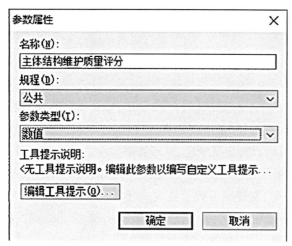

图 5-19　参数属性的设置图

图 5-20　创建完成的 15 项质量参数

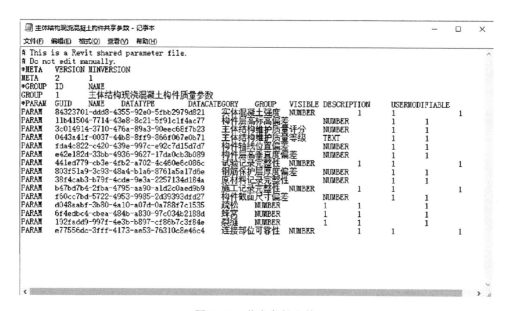

图 5-21　共享参数文件

　　（2）切换到创建选项卡，单击"族类型"，在弹出的族类型对话框中，创建类型名称为"现浇混凝土矩形结构柱"的属性集后单击"新建参数"，在弹出的参数属性对话框中选择"共享参数"并单击"选择"，如图 5-22 所示。选择参数"蜂窝"并单击"确定"，返回到参数属性对话框，选择参数分组方式为"IFC 参数"，然后选择"类型"（该项根据具体项目 BIM 模型中族类型的设置情况进行选择，本书以"类型"为例），最后单击"确定"，这样就完成了共享参数"蜂窝"与矩形结构柱族的关联，如图 5-23 所示。以同样的方式完成其他 14 项质量参数与族的关联，如图 5-24 所示。这样就实现了基于 BIM 的维护质量评价信息的集成。

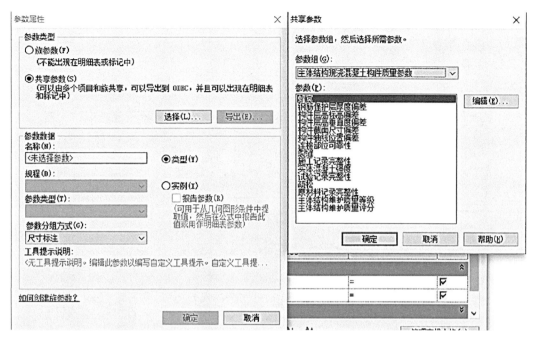

图 5-22　共享参数的选择

图 5-23　将参数关联到族

图 5-24　完成矩形结构柱族质量参数的关联

3）将族载入项目并输入参数值

将上文创建的矩形结构柱族保存为"矩形结构柱.rfa"文件。新建项目,单击插入选项卡中的"载入族"并载入该族,随后选择建筑选项卡中的"柱——结构柱"进行绘制,如图

5-25 所示。实际工程中,可在绘制完成后输入各质量参数的实际值(即 BP 神经网络初次量化的输入端参数值和预测得出的三项评分值),这样就完成了维护质量评价信息与 BIM 的映射。

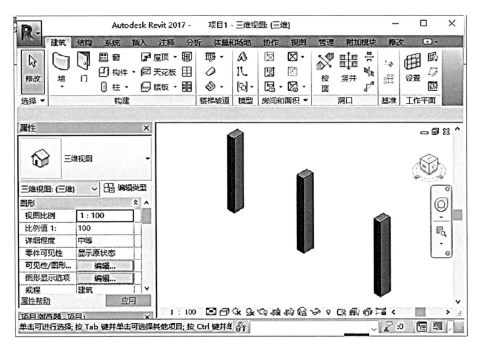

图 5-25　将族载入项目并绘制

4)导出 IFC 文件进行验证

实现了维护质量评价信息与 BIM 的映射后,导出 IFC 文件进行验证,如图 5-26 所示。

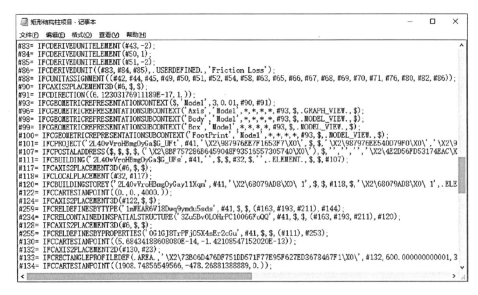

图 5-26　IFC 验证文件

5.5 基于 BIM 的设备设施维修数据库构建

5.5.1 系统体系结构设计

设备设施维修改造系统是一种基于复杂网络环境的数据库应用系统,无论是其管理流程涉及范围的广泛、基本数据表现形式的多样,还是操作人员权限控制的复杂,都使得普通的系统结构难以适应。因此,为满足在灵活性和扩展性方面的需求,设备维修管理与决策支持系统的体系结构应该基于三层客户/服务器处理结构。

三层结构不是简单地将设备设施维修改造系统处理划分为客户端和一些数据库服务器,而是在客户端和数据库之间增加了应用服务器。该应用服务器管理与数据库的交互,执行必要的计算,并将结果发送给客户端。客户端负责管理用户交互和报告结果数据,但只需要很少的计算能力,因为计算和与数据库服务器的交互都减少了。同在两层体系结构中一样,应用服务器可能直接连接数据库或具备星型模式的数据集市。

三层结构能最大限度地提高灵活性和可扩展能力,原因有以下四个方面:

首先,由于设备设施维修改造系统查询访问大量的数据,此时的目标是尽量减少通信线路上的数据传递。三层结构通过将大量的数据处理移到数据库服务器和应用服务器而实现这一目标。尽管可能存在着与应用服务器的多个连接,但应用服务器与数据库服务器之间的连接却只有少数几个。由于对高速连接的需求较少,因此并不是很昂贵。

其次,设备设施维修改造系统应用中的计算、操作和数据过滤通常很复杂。它们最好在专门的应用服务器上执行,而不是在桌面系统或数据库服务器上完成。若客户执行此类处理,相应的工作负载将要求所有用户都配备强大的客户机。尽管硬件价格在不断下降,但这仍然是个问题,除非该企业正在购买所有新的客户机。另外,网络负载仍然会形成瓶颈。相反,在数据库服务器上执行这类处理也少有成效。每个客户的处理负载不断增长,限制了系统能够支持的用户数目。在应用服务器和数据库服务器之间保持处理分割的平衡十分重要。通过三层结构,可尽量减少服务器的负载,达到更好的扩展性能。

再次,系统应用提供多个实例,用户可以用来在任何时候访问不同的数据库,尤其是当其需求发生变化或建立了新的数据库时仍能如此。若应用的所有数据访问代码都在客户机上,则每个客户机程序在每次增加新的数据源时都需要更新。更常见的是,对应用代码的修改需要更新客户端,使客户机上客户应用和计算逻辑的维护出现较大的问题。

最后,用户不会忍受服务器太长的响应时间,而地域上分散的企业级信息系统可能会激化这一问题。三层结构自己提供客户端和服务器之间的异步通信,可以通过消息队列功能来实现。

采用三层结构包括数据库服务器、中间层服务器、客户端三个层次。利用 IIS (Internet Information Server) 网络服务器实现浏览器的信息查询与检索。以 ASP

(Active Server Pages)技术实现 IE 客户端的功能,利用 COM 作为信息查询与检索的中间件为用户服务层提供服务,并利用 MTS(Microsoft Transaction Server)服务器来管理这些 COM 中间件。利用 DCOM 和 COM 组件技术为系统提供客户端、中间层和数据服务层的服务。其结构内容如下:

(1) 数据库服务器。采用市场流行的大型关系数据库管理系统,实现海量存储,支持多种类型的数据库,如:SQL Server、ORACLE 等,并且支持同时使用异种数据源,为整个企业信息系统的集成提供了强有力的支持。数据库服务器端主要负责数据的存储、检索,并为数据提供完整性、安全性控制,给企业数据提供有力的安全保障。

在进行客户、服务器的功能分配设计时,对一些较复杂的商务规则,写成存储过程,将其作为一个对象提交到服务器上。由于存储过程调用一次后,其编译后的代码放在关系数据库的 SGA(共享全局区用于客户端进程之间及与后台进程之间进行通信)中,以后执行此存储过程速度将很快,并且各个客户端可共享此存储过程。这样做大大提高了整个系统的性能。

(2) 中间层服务器。包含封装了业务逻辑的组件,设备维修管理与决策支持系统大部分的计算工作在此完成。首先,中间层同数据库打交道,维护同数据库的连接,采用"数据缓冲"和"代理连接",保证只有较少数量的用户数据连接,接着将数据按照一定的规则打包成业务对象数据,最后将其传向客户端。中间层拥有自己的内存和 CPU,并且可根据不同应用需要进行分布式计算,能够提供较高性能的数据库应用。

(3) 客户端。在三层结构中的客户端只是用户的界面外壳,不具有任何的复杂计算,它需要做的工作就是将中间层传入的业务对象数据放置在界面和控制用户的键盘鼠标操作。因此,它可以有多种形式,如图形窗体、浏览器等。在这里我们可以看到网络服务器作为数据库应用客户端的一部分,网络服务器和浏览器的组合作为客户端。因此,设备维修管理与决策支持系统具有两种不同的用户交互界面,GUI(Good User Interface)和WEB/BROWSER。用户可以根据自己的喜好和工作性质来选用不同的客户端,例如:需要大量录入数据的人员(数据采集人员)可选用键盘、鼠标控制灵活的 GUI 客户端,操作方便;数据分析人员需要做的只是用鼠标点击,他们会喜欢 BROWSER 客户端;GUI 适合局域网用户使用,如果是远程用户则可以通过 BROWSER 客户端访问财务数据。

5.5.2 数据库的需求分析和构建流程

5.5.2.1 数据库的需求分析

一方面,从整个工程项目的角度来讲,在项目实施的过程中涉及大量的维护质量评价数据,仅采用传统的文档、图片和音频视频的形式对评价数据进行存储,必然会导致工作效率低,数据冗余、分散、易丢失、占用空间大等问题,同时也影响了各项目参与方对质量信息的掌握和利用,从而干扰维护质量控制和评价等工作的开展。因此,需要建立数据库,实现维护质量信息的集成化和信息化管理,从而大幅降低冗余,提高工作效率,促进各项目参与方协同工作,推动工程项目的顺利实施。

另一方面,从本书的研究内容来讲,是对维护质量可视化评价方法进行研究,上文已经对维护质量评价数据的组成和分类进行了介绍,并实现了结构化评价数据与 BIM 的映射,即结构化评价数据的可视化显示。那么,要进一步搭建基于 BIM 的维护质量可视化评价平台,实现维护质量的可视化评价,就需要建立维护质量评价数据库对上文提到的维护质量评价数据进行集成化和标准化的管理,为可视化评价平台的搭建提供底层数据来源,如图 5-27 所示。

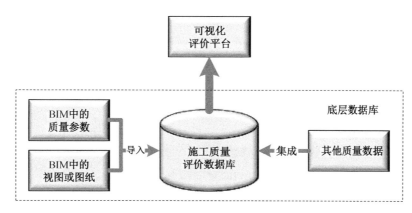

图 5-27　维护质量评价数据库的作用

5.5.2.2　数据库的构建流程

参考数据库原理当中关系数据库建立的一般程序,确定维护质量可视化评价数据库构建的流程,如图 5-28 所示。

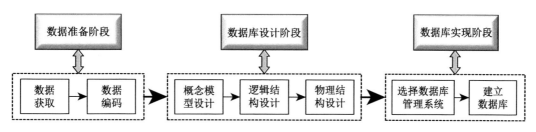

图 5-28　维护质量可视化评价数据库构建流程

(1)数据准备阶段:根据数据库的主要功能与作用确定需要入库的数据,对选定数据进行分析并编码,便于实现数据的统一有序管理。

(2)数据库设计阶段:该阶段的工作应该在数据准备阶段工作完成后开始,其具体工作内容主要包括数据库的概念模型设计、逻辑结构设计和物理结构设计三项。概念模型设计是将现实世界的质量评价数据抽象为信息结构,采用 E-R 图法(即实体—联系方法)进行实体关系的分析,建立概念模型。逻辑结构设计是将信息世界的概念模型 E-R 图转化为一组关系模式,也就是将 E-R 图所表示的实体、实体属性及其相互之间的联系转化为关系模式。物理结构设计是对于给定的逻辑数据模型选取一个最适合应用环境的物理结构的过程[120]。

（3）数据库实现阶段：该阶段以已经设计好的数据库为基础，实现数据库的创建。

5.5.3　数据准备

5.5.3.1　基于 BIM 技术的设备设施信息提取与应用

在对建筑设施信息分类、定义和赋值的基础上，利用 BIM 软件将模型中所携带的有效信息导入到数据库，在数据库系统中通过对动态信息的定义和赋值，开发建筑设备设施数据库管理系统，实现相关的管理功能。现代化的建筑设施管理能够与云技术、大数据、物联网等创新技术紧密结合，实现现代化的建筑设施管理智能化、可视化、集约化的管理要求。凭借先进的技术支持，进行复杂的数据计算和实施动态模拟，为现代建筑设施管理的科学性和合理性提供保障。

整个企业信息系统的数据都存储在一台服务器上，因此设备设施信息的提取层次架构非常重要。为此在系统中，将用户按三级设计，包括后台模式用户、后台角色、应用程序用户。核心级是后台模式用户。这些用户是后台表及其他一些对象的拥有者，享有其拥有对象的所有权限。系统开发人员在这些用户名下建立后台的数据库结构。第二级是后台角色。角色是一组权限的综合，通过这些角色，再将相应权限授予应用程序用户。开发人员在后台模式用户名下，将某些对象的权限授予相应的后台角色。模式和角色之间是多对多的关系，一个模式内的权限可授予多个角色，一个角色的权限也可来自多个模式。这给权限的管理带来极大的灵活性和方便性。第三级是应用程序用户。每个编译的客户端程序都通过应用程序用户连到后台数据库。系统设计人员通过后台角色，将相应权限授予应用程序用户，这样就将后台模式用户与应用程序用户隔离开。当要改变应用程序用户名时，只需修改角色与应用程序用户之间的连接，而不必将系统对象的每项权限的授权语句重新修改。这就在很大程度上保证了数据库中数据的安全性。对于系统的使用权限，通过用户权限表进行设置，指定其允许对哪些功能模块进行调用。

本研究应用关系数据库管理平台，在系统功能设计、结构设计、数据库设计的基础上实现设备查询、设备统计分析等功能。系统的实现流程图如图 5-29 所示。

5.5.3.2　基于 BIM 技术的设备设施信息分类与赋值

设备设施技改大修管理数据库是一个综合的设备信息库，其中容纳了大量的描述设备状态、设备维修、设备保养以及其他相关的信息。这些信息不仅包括数据信息，还包括各种文档资料、图纸、照片、音频、视频等媒体信息，从而有助于工程技术人员全面、迅速、直观、形象地了解设备的状况。

根据数据的不同来源或更改频度，可将设备维修管理与决策支持系统的数据划分为三类：

（1）基础类数据（静态数据）。以数据库形式或文件形式直接存入计算机的那部分数据，为企业的管理、设计、生产制造提供原始数据依据。如设备台账、设备技术资料、保养内容与要求、故障原因与处理措施以及相关的文档资料、图纸、照片、音频、视频等。这一

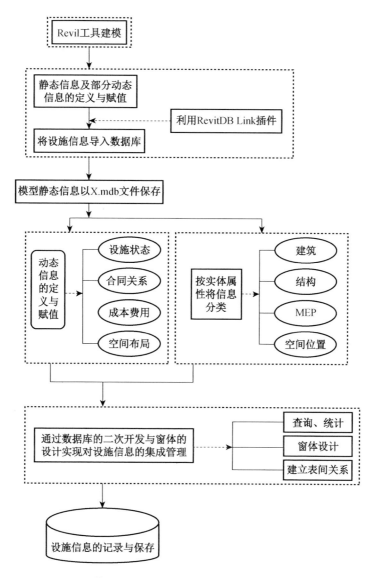

图 5-29 基于 BIM 技术的设备设施数据库系统实现流程

部分数据一般保存的价值较大,保存期限较长。

(2)生成类数据(动态数据)。在基础类数据的基础上,通过人的分析,在计算机软件的辅助下产生的那部分数据。这些数据在各系统之间或系统内部实现信息的传递或完成一定的功能服务。如设备的保养、设备故障、设备维修历史、备件更换历史等。这一部分数据的保存价值视企业的具体情况而定。

(3)查询类数据(中间数据)。针对某些特定的需求而对基础类数据和生产类数据进行查询、统计、分析等操作产生的数据。这些数据分别从不同的方面描述企业设备维修管理的各种特性,从而为设备维修管理与决策提供了翔实的信息。如设备利用分析、设备保养提醒、故障提醒等。这部分数据一般保存价值小,保存周期短。

房产设备设施管理的核心是对信息的管理,其前提是对设施信息进行分类、定义和赋值。源于信息的复杂性和交叉性,信息的分类标准各有不同,根据 BIM 所包含的信息特点及建筑设施管理的内容划分,信息可以分为四大类:实体属性信息、阶段属性信息、是否随时间变化需要重新赋值的信息、内容属性信息,具体如图 5-30 所示。建立这样的信息分类系统,目的是将 BIM 与建筑设施管理紧密结合,以便在初期 BIM 建模的过程中完备相关设施的管理信息,对于模型中无法提供的、需要在后期补充的动态信息如维修历史、运营成本费用等在导出模型数据的基础上,在相应的数据库管理系统中进行完善。

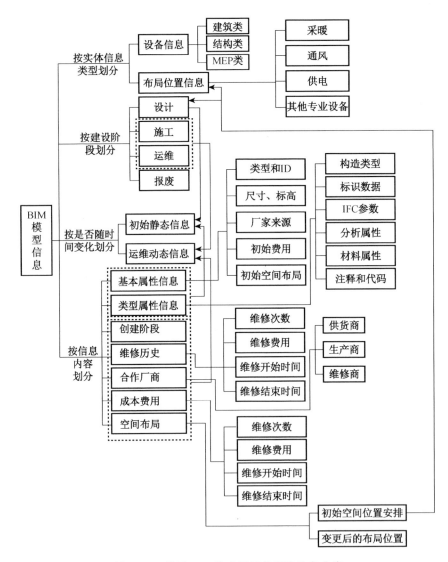

图 5-30　基于 BIM 技术的设备设施信息分类

建筑设施管理信息的赋值从 BIM 建模阶段开始,贯穿建筑设施管理的全过程。在建模阶段,赋值的信息主要是项目的全部静态信息和部分动态信息,如初期成本、构造、功能、样式、颜色、材质和装饰、制造商、型号、防火等级等静态信息及创建、拆除阶段等部分动态信息;在项目运营使用过程中,主要是对动态信息(如维修历史、运维成本、空间变化等)赋值。

5.5.3.3　数据的获取

根据上文的数据库构建需求,需要入库的数据除了上文提到的维护质量评价数据外,还应包括相关用户信息等,详细数据内容及其获取方式如下:

1) 维护质量评价数据的获取

(1) 图形评价数据的获取:BIM 中的所有原始视图(或图纸)是由 Autodesk Revit 生成的,根据项目实际需求可以直接将其作为 BIM 的一部分,一起保存在原有的.rvt 文件中或将其导出为 CAD 格式的文件进行保存。由于图形评价数据属于非结构化评价数据,可将其存放到维护质量文件系统当中,并在质量评价数据库的相关字段处建立文件路径索引,这样就可以在需要时通过存储路径找到源文件,获取图形评价数据并查看。

(2) 参数评价数据的获取:① 描述构件基本信息,如构件尺寸、结构材质等的评价数据可以由 BIM 导出;② 反映主体结构维护质量状况,即集成到 BIM 的 15 项质量参数可以由 BIM 导出(图 5-31);③ 其他参数评价数据,如检验批验收日期、评价指标的规范/设计要求等,可以从维护质量验收记录表、相关标准规范、设计文件或合同文件中查得。获取的参数评价数据存储到数据库中二维关系表的对应字段中即可。

图 5-31　将 BIM 参数导出到数据库

(3) 其他评价数据的获取:① 原材料出厂合格证、进场验收记录、现场试验记录、维护质量验收记录、合同文本、设计文件和相关规范等质量记录文件需要扫描原始文件并保存或保存 PDF 格式的电子文档;② IFC 文件可以由 BIM 导出并保存;③ 图片文件是在工程维护及其检查验收过程中在维护现场拍摄的;④ 音/视频文件也是在工程维护或检查验收过程中录制或制作的。这些评价数据都是非结构化数据,同样需要存放在维护质量文件系统当中,通过数据库中的存储路径查找并查看。

2) 用户信息的获取

质量评价数据库作为后文维护质量可视化评价平台的底层数据库,还需要存储和管理相关用户信息。"用户的职工号和用户名"需要提前统计工程项目相关单位有资格注册为平台用户的员工信息,并输入数据库,以便新用户注册时进行身份识别。其他用户信息,诸如用户注册账号、登录密码等则在用户注册后自动存储到数据库中。

5.5.3.4 数据编码

为了使数据库中的数据存储、识别、关联、调用等管理工作更加便捷、有序,需要对相关数据进行编码,编码时应遵循以下原则:

(1) 规范性:编码应遵循统一的规则,采用相同的规范形式。

(2) 简明性:编码形式应尽量简单明晰,易于理解和管理。

(3) 唯一性:编码作为评价指标的标识性字段,应具有唯一性,保证不同的评价指标都由不同的编码进行标识,避免混淆。

(4) 完整性:编码内各项数字或字符必须完整,不得出现遗漏或缺项。

在参考以上编码原则后,对分部工程、分项工程、检验批、构件、维护质量评价指标和文件分别进行如下编码。工程中其他分部工程的对应构件和维护质量评价指标的编码方式与此类似。

(1) 分部工程编码:采用两位字母组的编号形式,两位字母取自其对应英文单词的首字母和另一个字母,如"地基基础工程"英文为"Foundation",则以编号"Fd"表示;"结构工程"英文为"Structure",则以编号"St"表示;具体编号如表 5-15 所示。(说明:虽然本书只选取了"结构工程"为研究对象,但从整个工程项目角度而言,包括多个分部工程,还应对其进行编码区分,便于今后扩大研究对象范围进行研究)

表 5-15　分部工程编号

分部工程名称	分部工程编码	分部工程名称	分部工程编码
地基基础工程	Fd	屋面工程	Rf
结构工程	St	安装工程	In
装饰装修工程	De		

(2) 分项工程编码:采用两位字母组的编号形式,两位字母取自其对应英文单词(或词组)的首字母。分别以"Rb、Tp、Rc、Cs"表示"钢筋分项工程、模板分项工程、混凝土分项工程、现浇结构分项工程"。

(3) 检验批编码:采用十一位字母和数字组成的四段式编码形式,各段之间通过短线"-"连接。第一段为四位数字,前两位和后两位分别表示检验批楼层的起始编号和终止编号;第二段为四位数字,前两位和后两位分别表示检验批竖向轴线的起始编号和终止编号;第三段为两位大写字母,分别表示检验批横向轴线的起始编号和终止编号;第四段为一位大写字母,分别以"B、S、C、W、A"表示"梁、板、柱、墙、全部",根据检验批的实际验收内容确定。检验批编号形式如表 5-16 所示,图 5-32 为检验批编号示例。以上检验批编号形式是按照工程中常见的检验批划分方式来确定的,如检验批划分方式不同或有个别特殊检验批,可参照该编号形式进行调整或单独备注说明。

表 5-16   检验批编号

	第一段	第二段	第三段	第四段
编号形式	四位数字	四位数字	两位大写字母	一位大写字母
含义	楼层验收范围	竖向轴线验收范围	横向轴线验收范围	验收构件名称

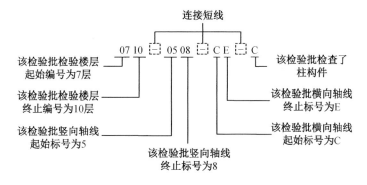

图 5-32   检验批编号示例

(4) 构件编码:采用四位字母和数字的组合形式。其中,第一位大写字母分别以与构件对应的 IFC 实体的首字母“B,S,C,W”表示“梁、板、柱、墙”,后三位数字表示同类构件的具体编号,以“001、002、003……”顺次编号。如“B001”表示该构件现浇混凝土梁,编号为“001”。

(5) 评价指标编码:采用六位字母和数字组合的两段式编号形式,各段之间通过短线“-”连接。第一段为四位大写字母,采用表 5-17 中属性名内各单词的首字母进行设置,不足四位的以字母“X”补齐。第二段的两位数字是为了区分不同检验批的相同指标而设置的,以“01、02、03……”顺次编号即可,表 5-17 为评价指标编号示例。

表 5-17   评价指标编号

序号	评价指标名称	评价指标编号	序号	评价指标名称	评价指标编号
1	实体混凝土强度	BECS-01	8	试验记录完整性	TRIX-01
2	钢筋保护层厚度偏差	RBPD-01	9	记录完整性	CRIX-01
3	构件轴线位置偏差	BEAD-01	10	裂缝	BECX-01
4	构件层标高偏差	BEED-01	11	连接部位可靠性	BECR-01
5	构件层高垂直度偏差	BEVD-01	12	蜂窝	BESP-01
6	构件截面尺寸偏差	BESD-01	13	疏松	BECP-01
7	原材料记录完整性	RMRI-01			

（6）文件编码：采用六位大写字母和数字组成的两段式编号形式，各段之间通过短线"-"连接。第一段为四位字母组或字母数字混合组，以文件扩展名表示，当文件扩展名不足四位时，剩余位数以字母"X"补齐。第二段为两位数字，是为了区别相同格式的文件而设置的，按照"01、02、03……"顺次编号即可。表 5-18 为一些常见格式文件的编号形式。

表 5-18　文件编号

文件格式	文件编号	文件格式	文件编号
PDF	PDFX-01	WAV	WAVX-01
DOC	DOCX-01	MP3	MP3X-01
PPT	PPTX-01	WMA	WMAX-01
TXT	TXTX-01	RMVB	RMVB-01
BMP	BMPX-01	MP4	MP4X-01
JPEG	JPEG-01	RFA	RFAX-01
JPG	JPGX-01	RVT	RVTX-01
GIF	GIFX-01	IFC	IFCX-01

5.5.4　数据库设计

5.5.4.1　概念模型设计

进行数据库概念模型设计首先需要对入库数据进行抽象，标定实体、实体间的联系以及实体的属性，然后通过 E-R 图对其进行描述。划分实体和属性需要遵循以下基本原则[84]：

（1）属性与它所描述的实体之间应该保证单值联系，即联系只能是一对多的；

（2）属性不应该存在需要进一步描述的特性；

（3）能作为属性的数据应尽量作为属性处理；

（4）作为属性的数据项，除了它所描述的实体之外，不能再与其他实体具有联系。

根据以上划分原则，结合维护质量可视化评价需求和数据库中的数据特性，对实体和属性进行划分，如表 5-19 所示。这里标定了分部工程、分项工程、检验批、构件、评价指标、文件和用户 7 个实体。其中，分部工程、分项工程、检验批、构件和评价指标实体是结合本章的维护质量可视化评价需求，以及实际工程中维护质量验收和评价的流程进行划分的。文件实体是指非结构化的评价数据，主要包括图形评价数据和其他评价数据。用户实体反映了登录平台的用户的相关信息。

表 5-19　实体和属性划分情况

实体	属　性	属性数据来源
分部工程	分部工程编号	表 5-15
	分部工程名称	具体分部工程的名称
	施工单位	合同文件

续表 5-19

实体	属性	属性数据来源
分部工程	维护质量评分	由 BIM 导出的参数信息
	维护质量等级	由 BIM 导出的参数信息
分项工程	分项工程编号	上述分项工程编号
	分项工程名称	具体分项工程的名称
	检验批数量	分项工程维护质量验收记录表
	检查结果	分项工程维护质量验收记录表
	验收结论	分项工程维护质量验收记录表
	专业技术负责人	分项工程维护质量验收记录表
	监理工程师	分项工程维护质量验收记录表
检验批	检验批编号	表 5-16
	检验批名称	具体检验批的名称
	验收部位	检验批维护质量验收记录表
	检查日期	检验批维护质量验收记录表
	验收日期	检验批维护质量验收记录表
	施工执行标准名称及编号	相关标准、规范,设计文件
	施工单位检查结果	检验批维护质量验收记录表
	监理单位验收结论	检验批维护质量验收记录表
构件	构件编号	上述构件编号
	构件名称	具体构件名称
	详细描述	设计文件
	尺寸(a×b×c)	由 BIM 导出的参数信息
评价指标	评价指标编号	表 5-17
	评价指标名称	表 5-17
	规范/设计要求	合同文本,相关标准、规范,设计文件
	实际检查结果	由 BIM 模型导出的参数信息
文件	文件编号	表 5-18
	文件名称	文件名
	创建时间	文件创建时间记录
	创建者姓名	文件创建者记录
	存放路径	文件系统中的文件存储位置

实　体	属　　性	属性数据来源
用户	账号	用户的注册账号
	用户名	以用户姓名设置的用户名
	职工号	用户的有效职工号
	用户类型	分为高级/中级管理员和普通用户三类
	密码	用户设置的六位由字母和数字组成的密码

标定实体及其对应属性后,结合现实世界的具体需求分析实体间的联系,并采用自底向上的策略完成数据库概念模型的设计,其全局 E-R 图如图 5-33 所示。图中以矩形框表示实体,椭圆形框表示属性,菱形框表示实体间的联系,其具体联系如下:

(1) 分部工程与分项工程之间为 1:n 型联系"划分",即每个分部工程可以划分为多项分项工程,而每项分项工程只属于一个分部工程。

(2) 分项工程与检验批之间为 1:n 型联系"验收",即每项分项工程需要对多个检验批进行验收,而每个检验批只属于一项分项工程。

(3) 检验批与评价指标之间为 m:n 型联系"检查",即每个检验批需要对多项评价指标进行检查,而每项评价指标在多个检验批中都会被检查。

(4) 分部工程与构件之间为 1:n 型联系"包括",即每个分部工程包括多个构件,而每个构件只属于一个分部工程。

(5) 构件与评价指标之间为 1:n 型联系,即对每个分部工程进行维护质量评价时,需要检查多项评价指标,而每项评价指标只从属于一个分部工程。

(6) 构件与评价指标之间为 m:n 型联系"评价",即每个构件的质量数据是评价多项指标得出的结果,而每项评价指标又会在多个构件的质量数据中被用到。

(7) 文件与分部工程(或分项工程、检验批、构件、评价指标)之间为 m:n(或 1:n)型联系,即每个分部工程(或分项工程、检验批、构件、评价指标)的质量状况在多个文件中都有记录,而每个文件又能够反映一个(或多个)分部工程(或分项工程、检验批、构件、评价指标)的质量状况。

(8) 用户实体独立存在,与其他 6 个实体不存在联系。

5.5.4.2　逻辑结构设计

逻辑结构设计需要将上文设计的概念模型转换为数据库管理系统所支持的数据模型(本书中为二维关系模型),并对其进行优化。转换的过程中需要遵循以下原则[121]:

(1) 实体转换为关系模式

每个实体都可以转换为一个单独的关系模式,实体的属性就是关系的属性,实体的码就是关系的码。

(2) 联系转换为关系模式

① m:n 型联系:可以转换为一个单独的关系模式,联系中各实体的码、联系本身的属

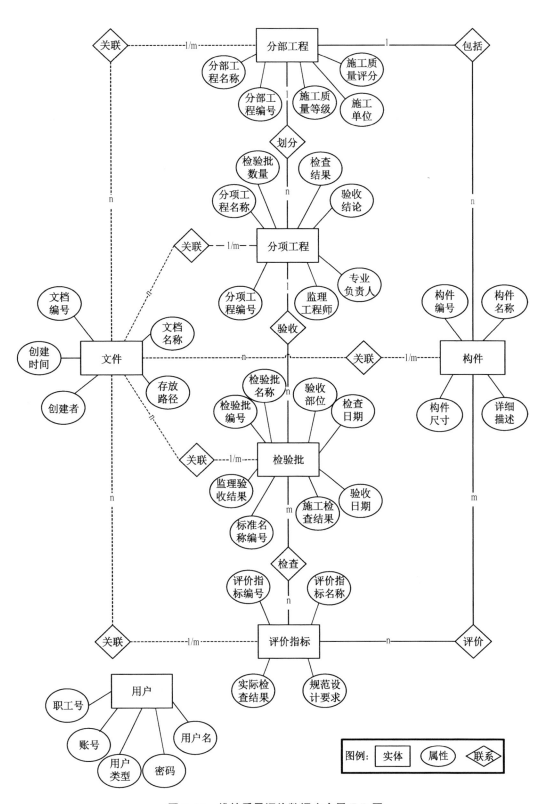

图 5-33　维护质量评价数据库全局 E-R 图

性一起转换为这个关系模式的属性,同时,将相关实体的码联系起来作为这个关系模式的码。

②1∶n 型联系:既可以像 m∶n 型联系一样转换为一个单独的关系模式,也可以合并到 n 端的关系模式中。

根据以上转换原则分别将图 5-33 中的实体和联系转换为分部工程、检验批、构件、评价指标、检查、包括、文件、关联和用户 9 个关系模式,具体过程如下:

(1) 分部工程信息表

分部工程信息表用来存储分部工程相关信息,将图 5-33 中的分部工程实体转换为一个单独的关系模式,分部工程的 7 个属性即该关系模式的属性,具体表结构如表 5-20 所示。

表 5-20　分部工程信息表(T_BW_BranchWorkInfo)

字段名	字段中文名	数据类型	描述信息	备注
F_BranchWorkID	分部工程编号	Char(2)	编号如表 5-15 所示,为两个字符固定长度	主键
F_BranchWorkName	分部工程名称	Varchar(12)	分部工程名称,最多 6 个汉字	必填
F_ConstructionOrganization	施工单位	Varchar(40)	施工单位名称,最多 40 个字符	必填
F_ConstructureQualityScore	维护质量评分	Decimal(4,2)	由 BIM 模型导出的维护质量评分,数值形式,小数点后保留两位	必填
F_ConstructionQualityLevel	维护质量等级	Varchar(4)	各分部工程维护质量等级,最多两个汉字	必填

(2) 分项工程信息表

分项工程信息表用来存储分项工程相关信息,将图 5-33 中的分项工程实体转换为一个单独的关系模式,分项工程的 7 个属性即该关系模式的属性。此外,将 1∶n 型联系"划分"并入该关系模式当中,则"分部工程编号"也作为该关系模式的一个属性,用来反映分项工程与分部工程的对应关系,具体表结构如表 5-21 所示。

表 5-21　分项工程信息表(T_SP_Sub-itemProjectInfo)

字段名	字段中文名	数据类型	描述信息	备注
F_Sub-itemProjectID	分项工程编号	Char(2)	依据上述编号方式编号,为两个字符固定长度	主键
F_Sub-itemProjectName	分项工程名称	Varchar(12)	分项工程名称,最多 6 个汉字	必填
F_InspectionLotQuantities	检验批数量	Varchar(2)	分项工程需要验收的检验批数量,最多两个字符	选填
F_Sub-itemProjectTestResult	检查结果	Varchar(100)	施工单位检查结果,最多 100 个字符	选填

字段名	字段中文名	数据类型	描述信息	备注
F_Sub-itemProject AcceptanceConclusion	验收结论	Varchar(100)	监理单位验收结论,最多 100 个字符	必填
F_Sub-itemProject TechnicalDirector	专业技术 负责人	Varchar(10)	专业技术负责人姓名,最多 10 个字符	必填
F_Sub-itemProject SupervisionEngineer	监理工程师	Varchar(10)	监理工程师姓名,最多 10 个字符	必填
F_BranchWorkID	分部工程编号	Char(2)	编号如表 5-15 所示,为两个字符固定长度	外键

（3）检验批信息表

检验批信息表用来存储检验批相关信息,将图 5-33 中的检验批实体转换为一个单独的关系模式,检验批的 8 个属性即该关系模式的属性。此外,将 1∶n 型联系"验收"并入该关系模式当中,则"分项工程编号"也作为该关系模式的一个属性,用来反映检验批与分项工程的对应关系,具体表结构如表 5-22 所示。

表 5-22　检验批信息表（T_IL_InspectionLotInfo）

字段名	字段中文名	数据类型	描述信息	备注
F_InspectionLotID	检验批编号	Char(14)	编号如表 5-16 所示,为 14 个字符固定长度	主键
F_InspectionLotName	检验批名称	Varchar(50)	检验批名称,最多 50 个字符	必填
F_InspectionLotPosition	验收部位	Varchar(50)	检验批验收部位,最多 50 个字符	必填
F_InspectionLot InspectionDate	检查日期	Date()	施工单位检查日期,格式为 YYYY-MM-DD	必填
F_InspectionLot AcceptanceDate	验收日期	Date()	监理单位验收日期,格式为 YYYY-MM-DD	必填
F_InspectionLot RelatedStandards	施工执行标准 名称及编号	Varchar(50)	检验批的施工执行标准及编号,最多 50 个字符	选填
F_InspectionLotTestResult	检查结果	Varchar(100)	施工单位检查结果,最多 100 个字符	必填
F_InspectionLot AcceptanceConclusion	验收结论	Varchar(100)	监理单位验收结论,最多 100 个字符	必填
F_Sub-itemProjectID	分项工程编号	Char(2)	依据上述编号方式编号,为两个字符固定长度	外键

（4）构件信息表

构件信息表用来存储各构件相关信息,将图 5-33 中的构件实体转换为一个单独的关系模式,构件的 4 个属性即该关系模式的属性。此外,将 1:n 型联系"包括"并入该关系模式当中,则"分部工程编号"也作为该关系模式的一个属性,用来反映各构件与分部工程的对应关系,具体表结构如表 5-23 所示。

表 5-23 构件信息表(T_C_ComponentInfo)

字段名	字段中文名	数据类型	描述信息	备注
F_ComponentID	构件编号	Char(4)	依据上述编号方式编号,为 4 个字符固定长度	主键
F_ComponentName	构件名称	Varchar(20)	各构件名称,最多 10 个汉字	必填
F_ComponentSize	尺寸(a×b×c)	Varchar(14)	构件的设计尺寸,最多 14 个字符	必填
F_ComponentDetails	详细描述	Varchar(100)	描述构件的详细信息,如构件位置、类型等	选填
F_BranchWorkID	分部工程编号	Char(2)	检验批所属分部工程编号如表 5-15 所示,为两个字符固定长度	外键

(5)评价指标信息表

评价指标信息表用来存储各评价指标相关信息,将图 5-33 中的评价指标实体转换为一个单独的关系模式,评价指标的 5 个属性即该关系模式的属性,具体表结构如表 5-24 所示。

表 5-24 评价指标信息表(T_EI_EvaluationIndexInfo)

字段名	字段中文名	数据类型	描述信息	备注
F_EvaluationIndexID	评价指标编号	Varchar(7)	评价指标编号如表 5-17 所示,最多 7 个字符	主键
F_EvaluationIndexName	评价指标名称	Varchar(20)	评价指标名称如表 5-2 所示,最多 10 个汉字	必填
F_Specification/Design Requirements	规范/设计要求	Varchar(200)	规范标准或设计文件中的相关要求,保证项目为文字描述,允许偏差项目为数值限值,最多 200 个字符	必填
F_ActualInspectionResult	实际检查结果	Varchar(4)	由 BIM 导出的评价指标的实际检查结果,数值形式,最多 4 个字符	必填

(6)"评价"关系表

评价关系表是将图 5-33 中实体间的 m:n 型联系"评价"转换为一个单独的关系模式,与其相连的构件实体和评价指标实体的主键一起转换为这个关系模式的属性,两者均为该关系模式的外键,同时以该表自动生成的 ID 作为主键,具体表结构如表 5-25 所示。

表 5-25　评价关系表（T_ER_EvaluationRelationshipInfo）

字段名	字段中文名	数据类型	描述信息	备注
F_EvaluationRelationshipID	ID	INT	自动生成 ID	主键
F_EvaluationIndexID	评价指标编号	Char(7)	编号如表 5-17 所示，7 个字符固定长度	外键
F_ComponentID	构件编号	Char(4)	依据上述编号方式编号，为 4 个字符固定长度	外键

（7）"检查"关系表

检查关系表是将图 5-33 中实体间的 m∶n 型联系"检查"转换为一个单独的关系模式，与其相连的检验批实体和评价指标实体的主键一起转换为这个关系模式的属性，两者均为该关系模式的外键，同时以该表自动生成的 ID 作为主键，具体表结构如表 5-26 所示。

表 5-26　检查关系表（T_IR_InspectionRelationshipInfo）

字段名	字段中文名	数据类型	描述信息	备注
F_InspectionRelationshipID	ID	INT	自动生成 ID	主键
F_EvaluationIndexID	评价指标编号	Char(7)	编号如表 5-17 所示，7 个字符固定长度	外键
F_InspectionLotID	检验批编号	Char(14)	编号如表 5-16 所示，为 14 个字符固定长度	外键

（8）文件信息表

文件信息表用来存储非结构化评价数据的相关信息，将图 5-33 中的文件实体转换为一个单独的关系模式，文件的 5 个属性即该关系模式的属性，具体表结构如表 5-27 所示。

表 5-27　文件信息表（T_D_DocumentsInfo）

字段名	字段中文名	数据类型	描述信息	备注
F_DocumentID	文件编号	Char(7)	编号如表 5-18 所示，为 7 个字符固定长度	主键
F_DocumentName	文件名称	Varchar(40)	根据文件内容对其合理命名，最多 40 个字符	必填
F_CreateTime	创建时间	Date()	文件创建日期，格式为 YYYY-MM-DD	选填
F_CreateWorkerName	创建者姓名	Varchar(10)	文件创建者姓名，最多 5 个汉字	选填
F_StoragePath	存放路径	Varchar(40)	文件存放路径，最多 40 个字符	必填

（9）"关联"关系表

关联关系表是将图 5-33 中实体间的 m∶n 型联系"关联"转换为一个单独的关系模式，与其相连的分部工程（或分项工程、检验批、构件、评价指标）实体的主键一起转换为这个关系模式的属性，同时以文件编号作为主键，根据文件内容与分部工程（或分项工程、检验批、构件、评价指标）的对应情况，在其编号中选填一项，具体表结构如表 5-28 所示。

表 5-28　关联关系表（T_CR_ConnectionRelationshipInfo）

字段名	字段中文名	数据类型	描述信息	备注
F_DocumentID	文件编号	Char(7)	编号如表 5-18 所示，为 7 个字符固定长度	主键
F_BranchWorkID	分部工程编号	Char(2)	编号如表 5-15 所示，为两个字符固定长度	外键
F_Sub-itemProjectID	分项工程编号	Char(2)	依据上述编号方式编号，为两个字符固定长度	外键
F_InspectionLotID	检验批编号	Char(14)	编号如表 5-16 所示，为 14 个字符固定长度	外键
F_ComponentID	构件编号	Char(4)	依据上述编号方式编号，为 4 个字符固定长度	外键
F_EvaluationIndexID	评价指标编号	Char(7)	编号如表 5-17 所示，为 7 个字符固定长度	外键

（10）用户信息表

用户信息表用来存储各用户相关信息，将图 5-33 中的用户实体转换为一个单独的关系模式，用户的 4 个属性即该关系模式的属性，具体表结构如表 5-29 所示。

表 5-29　用户信息表（T_U_UserInfo）

字段名	字段中文名	数据类型	描述信息	备注
F_AccountNumber	账号	Char(50)	用户注册账号，最多 50 个字符	主键
F_UserName	用户名	Varchar(10)	以姓名设置的用户名，最多 10 个字符	必填
F_UserStaffNumber	职工号	Char(10)	用户的有效职工号，最多 10 个字符	必填
F_UserType	用户类型	Varchar(10)	用户类型分为"高级/中级管理员"和"普通用户"三类，最多 5 个汉字	必填
F_Password	密码	Char(8)	用户设置的登录密码，为 8 个字符固定长度，由字母和数字组成	必填

5.5.4.3　物理结构设计

数据库的物理结构设计主要包括确定关系模式存取方法、确定数据存储位置和存储结构两部分内容,这需要根据实际需求和应用环境的不同分别进行设计,这里只进行简单分析。

（1）确定关系模式存取方法

关系数据库常用的存取方法有索引方法和聚簇方法。索引存取方法是指根据实际应用需求确定需要建立索引、索引组合或唯一索引的属性[121]。一般选择经常在查询条件中出现或经常在连接操作的连接条件中出现的属性建立索引。结合本书维护质量可视化评价数据库的特征,可能会经常调用维护质量评分和维护质量等级这类能够直观反映维护质量状况的属性,可有选择性地为这些属性建立索引。聚簇存取方法是指把属性或属性组上具有相同值的元组集中存放在连续的物理块上,以提高查询速度。结合维护质量评价数据的特点,可以考虑将评价指标值相等或分布在某一范围内的检验批集中存放,或将分部工程信息表中被评定为相同维护质量等级的元组集中存放。需要注意的是,系统在维护索引和聚簇时所付出的代价都是相当大的,定义的索引和聚簇数量应适量,有充分的利用价值,不可滥用。

（2）确定数据存储位置和存储结构

确定数据的存储位置和存储结构要综合考虑存取时间、存储空间利用率和维护代价三方面的因素。在确定数据的存储位置时,为了提高系统性能,通常根据应用情况,结合计算机的磁盘分区,将数据的易变部分与稳定部分、经常存取部分和存取频率较低部分分开存放。在确定数据的存储结构时,设计人员需要根据具体的数据库应用环境,对初始情况下系统设置的配置变量和存储分配参数重新赋值,以改善系统性能[121]。

5.5.4.4　系统数据库设计

对系统需求的分析,以及系统功能的构建,需要将现实世界中存在的具体要求,抽象成信息结构的表达方式,以方便选择具体的关系数据库进行实现,这一转换过程就是概念设计。概念设计具体要实现的就是抽象出该系统所涉及的各实体以及他们之间的关系。实体是对现实世界中实际对象的数据抽象,属性则是用来描述实体对象所具有的某种特性。由于系统中涉及实体及其属性众多,为了更清晰地了解系统中实体及其关系,将涉及的实体进行了划分,主要分为基本信息实体以及使用过程涉及实体(图 5-34)。

系统包含的基本实体及其属性如下:

① 组织机构,属性有部门名称、部门简介、上级部门。

② 系统用户,属性有用户账号、登录密码、姓名、性别、部门、职位、权限。

③ 公告信息,属性有公告主题、公告内容、公告单位、公告时间。

④ 待维护设备,属性有设备编号、设备名称、型号规格、制造厂商、使用部门、操作人员、设备状况。

⑤ 备件,属性有编号、名称、型号规格、数量、用途、使用寿命。

系统用户与待维护设备是该系统最重要的两个实体。用户与设备具有管理与被管理

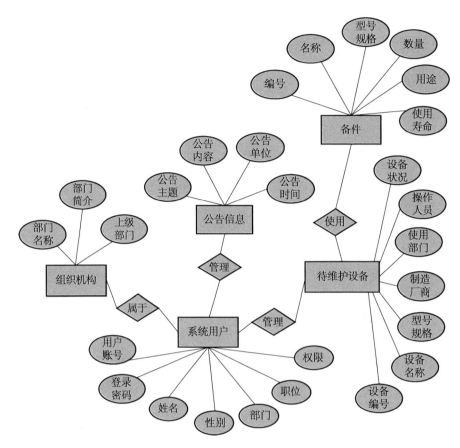

图 5-34　系统基本信息概念图

的关系，一个用户可以管理多台设备进行使用或维修等操作，一台设备同样可以由多个用户管理，是一个多对多的关系。系统用户与组织机构为隶属关系，一个部门有多个用户，一个用户属于一个部门，因此为一对多的关系。系统用户与公共信息属于管理与被管理的关系，一个用户可以发布多个公告信息，一条公告信息只能由一个用户发布，所以也是一对多的关系。待维护设备与备件之间是使用与被使用的关系，一台设备可以有多种备件，一种备件同样可以由多个设备使用，即待维护设备与备件之间属于多对多的关系。

　　在设备维修管理系统中还存在一些需要使用的实体，即各种维修计划、记录表单等数据。图 5-35 即为系统实体关系图。

　　① 设备故障库，属性有故障代码、故障机型、故障现象、故障原因、处理方法。

　　② 维修申请单，属性有申请时间、故障时间、编号、设备名称、申请人、使用部门、故障现象、故障代码、紧急程度、审批人、审批时间、审批说明、处理说明。

　　③ 设备维修记录，属性有设备名称、故障现象、维修人员、维修内容、维修时间、更换备件、维修结果。

　　④ 设备维修计划，属性有计划单编号、维修时间、维修内容、所需物料、维修人员、设备名称、修理周期。

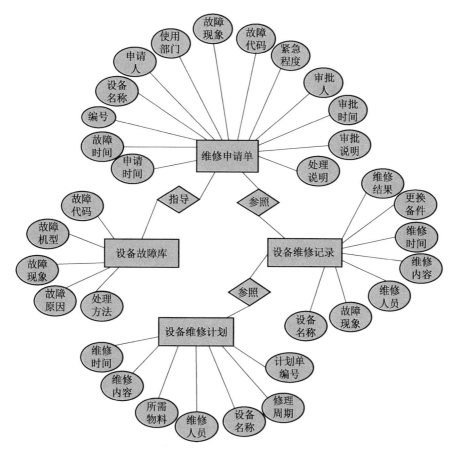

图 5-35　系统实体关系图

在现场操作人员填写维修申请单时,可以根据查询设备故障库中的记录来进行维修现象的填写,两者为设备故障库指导维修申请单的填写,一张申请单可能对应多条故障信息,因此为一对多的关系。维修申请单则将伴随着设备故障性维修的全过程,从最初的申请单提交到审批,然后执行维修,完成后进行验收,最后对维修进行记录。最终维修记录的填写需要参照维修申请单的内容,一张申请单对应一条维修记录,为一对一的关系。计划性维修同样如此,最后对计划性维修的执行情况进行的维修记录,同样需要参照设备维修计划的内容,一项维修计划对应一条维修记录,也是一对一的关系。

5.5.4.5　系统数据库表

系统将数据库设计的模型和所使用的数据库之间建立起关系数据库表连接。根据建立的物理模型,能自动将相应模型生成为数据库中的表、视图、索引、主外键等,最终生成设备维修系统的数据库,如图 5-36 所示。

图 5-36　数据库表关系图

组织机构表（Dept）用于记录部门信息，详细说明见表 5-30。

表 5-30　组织机构表

字段名	字段类型	长度	说明	可否空
DeptNo	Char	3	部门编号（主键）	否
ParentDeptNo	Char	3	上级部门编号（外键）	否
DeptName	Varchar	30	部门名称	否
DeptIntroduce	Varchar	500	部门简介	是

系统用户表（SysUser）用于记录使用系统的所有用户的信息，详细说明见表 5-31。

表 5-31　系统用户表

字段名	字段类型	长度	说明	可否空
UserID	Char	20	用户账号（主键）	否
DeptNo	Uniqueidentifier	16	所属部门编号（外键）	否
UserPassword	Varchar	30	用户密码	否
UserName	Varchar	10	用户姓名	否
UserSex	Varchar	2	用户性别	否
UserRole	Varchar	10	用户角色	否
UserRight	Varchar	100	用户权限	否

公告信息表（Post）用于记录发布的公告所含的信息，详细说明见表 5-32。

表 5-32　公告信息表

字段名	字段类型	长度	说明	可否空
PostNo	Uniqueidentifier	16	公告编号（主键）	否
UserID	Char	20	发布人（外键）	否
PostTitle	Varchar	100	公告标题	否
PostContent	Varchar	1 000	公告内容	否
PostTime	Datetime	8	公告时间	否
PostDeptName	Varchar	30	发布部门	否

设备台账表（Equipment）记录了每台设备的基本信息，详细说明见表 5-33。

表 5-33　台账表

字段名	字段类型	长度	说明	可否空
EquipNo	Char	20	设备编号(主键)	否
EquipName	Varchar	50	设备名称	否
EquipModel	Varchar	50	设备型号	否
EquipSpec	Varchar	50	设备规格	否
ManufactureCompany	Varchar	60	制造单位	否
DeptName	Varchar	30	所属部门	是
UserName	Varchar	10	负责人	是
EquipState	Varchar	20	设备状态	否

备件台账表(SpareParts)记录了各种备件的基本信息,详细说明见表 5-34。

表 5-34　备件台账表

字段名	字段类型	长度	说明	可否空
SPNo	Char	20	备件编号(主键)	否
BelongEquip	Char	20	使用设备(外键)	否
SPName	Varchar	30	备件名称	否
SPModel	Varchar	50	备件型号	否
SPSpec	Varchar	50	备件规格	否
SPAmount	Integer	10	备件数量	否
Unit	Varchar	10	计量单位	否
Purpose	Varchar	100	用途	是
SafeStock	Integer	10	安全库存	否

故障模式表(FailureModel)是对各种设备故障信息的记录,详细说明见表 5-35。

表 5-35　故障模式表

字段名	字段类型	长度	说明	可否空
FMCode	Char	10	故障代码(主键)	否
FEquipment	Char	20	故障设备(外键)	否
FPhenomenon	Varchar	500	故障现象	否
FReason	Varchar	500	故障原因	否
FProcess	Varchar	1 000	故障处理方法	否

维修申请表(Application)是记录维修申请所需填写信息,详细说明见表 5-36。

表 5-36　维修申请表

字段名	字段类型	长度	说明	可否空
AppNo	Uniqueidentifier	16	申请单号（主键）	否
FMCode	Char	10	故障代码（外键）	否
FEquipment	Char	20	故障设备（外键）	否
AppTime	Datetime	8	申请时间	否
FTime	Datetime	8	故障发生时间	否
AppPerson	Varchar	10	申请人	否
DeptName	Varchar	30	请修部门	否
FPhenomenon	Varchar	500	故障现象描述	否
UrgentLevel	Varchar	10	故障紧急程度	否
AppCheckPerson	Varchar	10	审核人	否
AppCheckTime	Datetime	8	审核时间	否
AppCheckStatement	Varchar	500	审核意见	否
AppState	Varchar	10	申请单状态	否

维修计划表（MaintenancePlan）用于各种类别的维修计划，详细说明见表 5-37。

表 5-37　维修计划表

字段名	字段类型	长度	说明	可否空
MPNo	Uniqueidentifier	16	维修计划单号（主键）	否
Mtype	Varchar	10	计划类型	否
MCycle	Varchar	10	计划周期	否
MPTimeBegin	Datetime	8	计划实施时间	否
MEquipment	Varchar	50	计划设备安排	否
MWorker	Varchar	300	人员安排	否
MMaterial	Varchar	300	所需物料	否
MDetail	Varchar	1 000	计划详细安排	否
MTime	Varchar	10	预计所需时间	否
MCompany	Varchar	50	执行单位	否
MPState	Varchar	10	计划状态	否

维修记录表(MaintenanceRecord)是对故障性维修和计划性维修的执行情况进行记录,详细说明见表 5-38。

表 5-38　维修记录表

字段名	字段类型	长度	说明	可否空
MRNo	Uniqueidentifier	16	记录单号(主键)	否
EquipNo	Char	20	设备编号(外键)	否
MPNo	Varchar	16	计划单号	是
AppNo	Varchar	16	申请单号	是
Mtype	Varchar	10	维修类型	否
FaultPhenomenon	Varchar	500	故障现象	否
MWorkers	Varchar	50	维修人员	是
MManagement	Varchar	100	修理措施	否
ReplaceSP	Varchar	1 000	更换备件明细	否
MTimeBegin	Datetime	8	维修开始时间	否
MTimeEnd	Datetime	8	维修结束时间	否
MResult	Varchar	1 000	验收结果	否

5.5.5　结合实例的数据库的实现

5.5.5.1　项目简介

以南京市某别墅项目为实例展示维护质量评价数据库的实现过程。该别墅为钢筋混凝土结构建筑,地上主体部分共分为三层,轴线划分为五条竖向轴线和七条横向轴线。在对混凝土主体结构维护质量验收时,每自然楼层设一个检验批。搜集得到别墅主体结构三个检验批的 13 项评价指标值,对指标值进行量化并取三个检验批各项指标值的均值作为 BP 神经网络评价模型的输入参数,应用 5.4.2.3 节已经训练好的 BP 神经网络预测得到维护质量评分为 83.5 分,确定主体结构维护质量等级为合格,评价指标值和预测结果如表 5-39 所示。表中各质量参数名称和参数值类型按照表 5-14 中的属性定义进行表达,第 1、第 7—9 和第 15 项参数的参数值以十分制评分或文字形式描述,为枚举值;其他 10 项参数的参数值以长度度量值或比率形式描述,为单值数值。将实现了基于 IFC 的扩展和表达的质量参数添加到别墅的 Revit 模型当中,如图 5-37 所示;导出的 IFC 文件如图 5-38 所示。项目参与方可以从集成了维护质量评价信息的 BIM 中更直观地掌握项目的维护质量状况:该别墅主体结构维护质量合格。其中,结构性能和维护质量记录达到了 85% 的水平,情况优良;尺寸偏差和观感质量未达到 85% 的水平,有待提高。此外,各构件参数值的不同也能够差异化地反映各检验批的具体维护质量状况。下文将选取合适的数据库管理系统,集成该项目 BIM 模型导出的评价数据和其他维护质量评价数据,建立别墅的维护质量评价数据库。

表 5-39　别墅评价指标值及预测结果

序号	评价指标名称	评价指标值/预测结果			
		检验批 1	检验批 2	检验批 3	均值
1	实体混凝土强度	9	9	9	9
2	钢筋保护层厚度偏差	3	4.52	3.55	3.69
3	构件轴线位置偏差	7.11	6.41	4.87	6.13
4	构件层高标高偏差	6.54	8.26	5.90	6.90
5	构件层高垂直度偏差	6.21	4.94	6.01	5.72
6	构件截面尺寸偏差	6.10	2.97	2.66	3.91
7	原材料记录完整性	10	10	10	10
8	试验记录完整性	8.5	8.5	8.5	8.5
9	施工记录完整性	8.5	8.5	8.5	8.5
10	裂缝	0.7	0.7	0.7	0.7
11	连接部位可靠性	0.9	0.9	0.9	0.9
12	蜂窝	0.55	0.55	0.55	0.55
13	疏松	0.85	0.85	0.85	0.85
14	主体结构维护质量评分	83.5			
15	主体结构维护质量等级	合格			

5.5.5.2　数据库管理系统的选择

目前市场上的主流数据库管理系统有 SQL Server、MySQL、Oracle、Access 和 SQLite 等,其特点如下:

(1) SQL Server。SQL Server 是由 Microsoft 开发和推广的关系数据库管理系统,它实现了真正的客户/服务器体系结构。SQL Server 的图形化用户界面,使得数据库管理和系统管理更加简单、直观。此外,它还提供了丰富的编程接口工具,为用户进行程序设计提供了更多的选择。但其只能在 Windows 环境下运行,兼容性相对较差。

(2) MySQL。MySQL 是由瑞典 MySQL AB 公司开发的一个关系型数据库管理系统,其显著特点是开源、体积小、速度快,总体拥有成本低,可以支持多种系统。因此,在 Web 应用方面,MySQL 作为最好的选择被许多中小型网站用作网站数据库。

(3) Oracle。Oracle 是由美国甲骨文公司开发的一组以分布式数据库为核心的软件

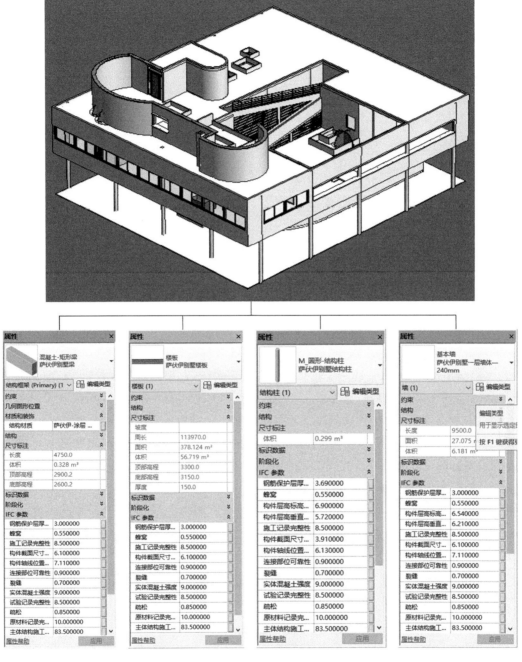

图 5-37　将质量参数添加到 Revit 模型

产品,具有可移植性好、使用方便、功能强大等特点。它是一种高效率、可靠性好,适应高吞吐量的数据库解决方案,因此常用于大型企业的数据库开发。相应地,Oracle 价格高,对硬件要求高。

（4）Access。Access 是由微软发布的一款小型关系数据库管理系统,常被用来开发 Web 应用程序。但由于其规模较小,在使用过程中有很多局限性,例如在数据库较大或

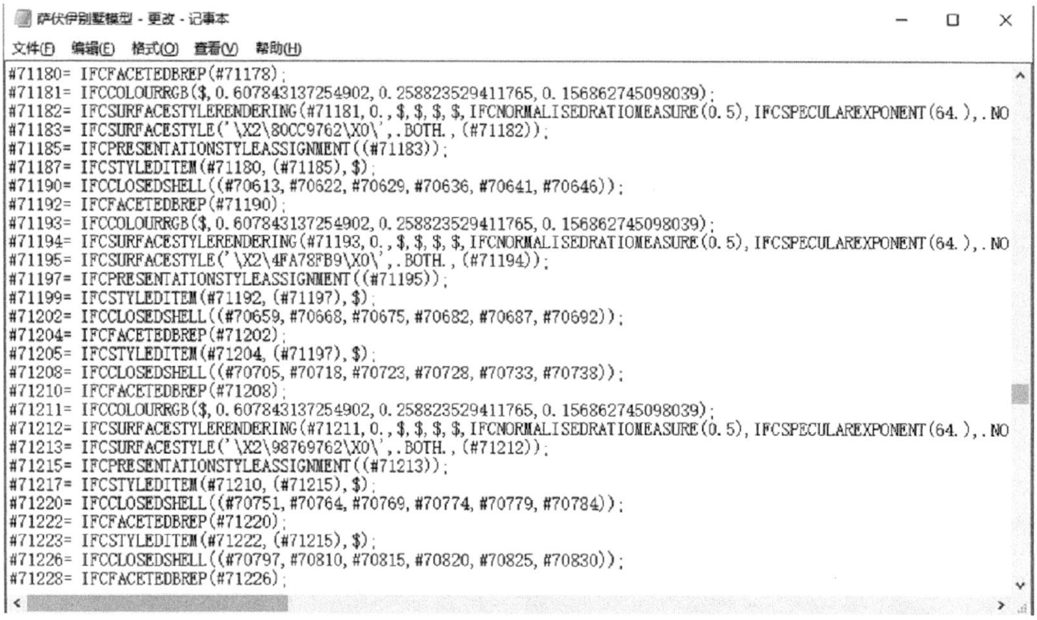

图 5-38　别墅项目的 IFC 导出文件

访问数量较高的情况下,性能会急剧下降。

（5）SQLite。SQLite 是一款轻型数据库管理系统,它采用嵌入式设计,资源占用率低、处理速度非常快,常用于桌面应用程序的开发。

由于本书要建立的维护质量评价数据库是针对别墅项目的维护质量信息而言的,规模相对较小,不需要使用 Oracle 这样的大型数据库管理软件。此外,考虑到后文维护质量评价平台的设计构想是基于 Web 的应用程序开发,这里选择 MySQL。

5.5.5.3　项目数据库的建立

本书选择 MySQL Workbench 完成项目数据库的建立。MySQL Workbench 是一款专为 MySQL 设计的可视化的关系数据库建模工具,可以用来创建新的数据库,并且能够进行复杂的 MySQL 迁移[121]。建立数据库的主要流程如下:

（1）启动并连接。启动 MySQL 和 MySQL Workbench,在 MySQL Workbench 中选择"Connect to Database"并输入密码,建立与 MySQL 数据库的连接,连接成功后进入数据库管理界面,如图 5-39 所示。

（2）创建新模式。单击数据库管理界面左上角的"Create a new schema",填写数据库名称"villa_construction quality evaluation"后单击"Apply",完成项目维护质量评价数据库的建立,在左侧的"schemas"目录下可以看到新建的数据库,如图 5-40 所示。

（3）新建数据库表。右击 villa_construction quality evaluation 数据库下的"Table",选择"Create Table",填写表名"t_evaluation index info"。在 Column Name 处填写字段名"F_EvaluationIndexID",Datatype（数据类型）选择"Varchar(7)",勾选 Primary Key（主键）、Not Null（非空）和 Unique（唯一）,完成"评价指标编号"字段的设置,根据 5.5.4.2 节表

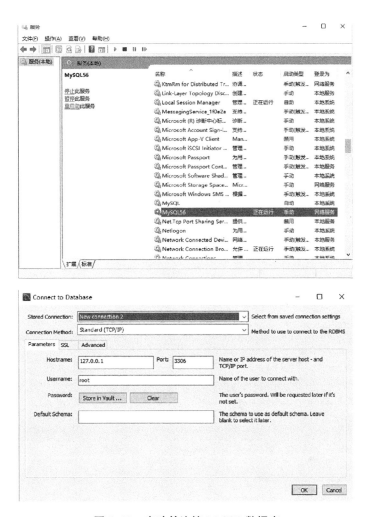

图 5-39　启动并连接 MySQL 数据库

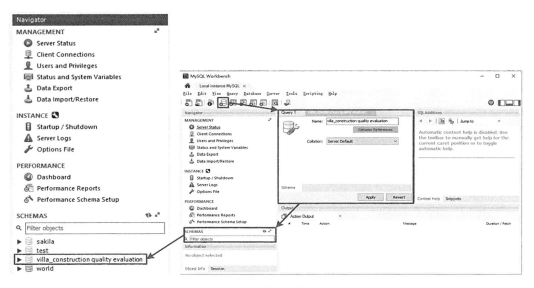

图 5-40　创建新模式

5-24 的内容分别设置其他 3 个字段后单击"Apply",如图 5-41 所示;导入表中各字段的字段值完成评价指标信息表的创建,如图 5-42、图 5-43 所示。该新建数据库表共包括评价指标编号、评价指标名称、规范/设计要求和实际检查结果四个字段,具体内容如下:

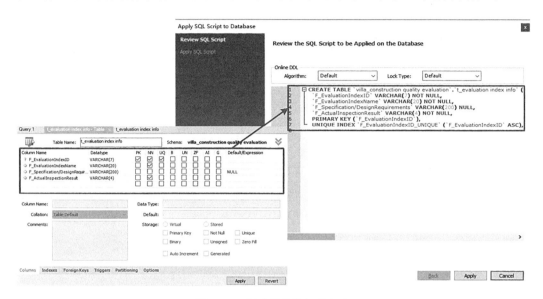

图 5-41 新建评价指标信息表

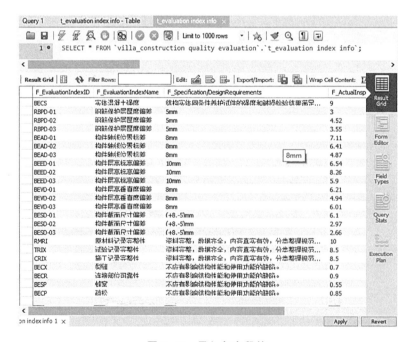

图 5-42 导入各字段值

① 评价指标编号。该字段是表的主键,按照 5.5.3.4 节所述的编码方式对不同检验批的各项指标进行编码。对于该建筑而言,反映质量偏差的三项指标的各检验批指标值

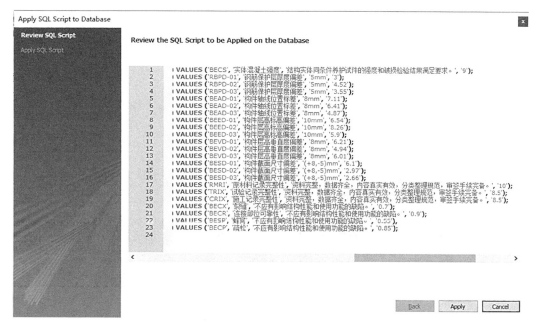

图 5-43　完成评价指标信息表的创建

不同,指标编号中以第二段的"01、02、03"区分;其他 10 项指标的各检验批指标值相同,以第一段字母编号表示即可。

② 评价指标名称。该字段为必填字段,字段值唯一,具体见表 5-2 列出的各项指标。各指标名称所占字符长度不同,最多不超过十个汉字。

③ 规范/设计要求。该字段为选填字段,默认缺省值为"NULL",字段值可以从维护质量验收规范和项目设计文件中获取。

④ 实际检查结果。该字段为必填字段,字段值即别墅 Revit 模型中添加的质量参数(图 5-37),可以由模型导出,这些评价数据能够分别反映别墅三个检验批的维护质量状况。

根据 5.5.4.2 节的逻辑结构设计,以同样方式新建其他 9 个数据库表,获取相关评价数据,将字段值导入或手动添加到对应字段,完成数据库表的创建,这样就实现了该别墅项目的维护质量评价数据库的初步建立。

5.6　基于 BIM 的设备设施维修维护系统设计

5.6.1　系统设计的目标和需求

5.6.1.1　系统设计的总体目标

平台是指不同责任主体共同使用的一种基础设施,具体到信息技术上,就是提供不同责任主体在一个共同的软件系统或 Web 页面上进行业务协同的 IT 基础设施。本章以第 5 章构建的施工质量评价数据库作为后台数据的存储仓库,搭建基于 BIM 的施工质量

可视化评价平台,实现工程项目各参与方施工质量评价的可视化工作和协同工作,其总体设计目标如下:

(1) 信息共享。构建一个开放式、可扩展的体系架构,支持平台各用户在独立的运行环境下进行信息交换、信息共享、信息传递。

(2) 协同工作。基于平台的信息共享打破了传统的工程项目各参与方之间信息孤立、信息获取滞后、信息不对称等现象,从而能够促进各用户及时进行交流、沟通和意见反馈,使用户间的合作更加紧密,实现协同工作。

(3) 可视化。通过展示集成了施工质量信息的 BIM 三维模型,使用户能够形象、直观、快速地掌握工程项目的施工质量情况。

(4) 数据规范化管理。通过对平台应用层各功能模块进行合理的设计,能够对底层数据库中存储的评价数据进行流程化的调用、查询、修改等数据操作,从而实现施工质量评价数据的规范化管理,减少冗余操作,大幅提高工作效率。

5.6.1.2 系统需求分析

1) 平台设计的数据需求

施工质量可视化评价平台是实现施工质量评价信息查询和可视化显示的综合应用程序,平台功能的实现需要以存储完备的质量信息为依托,进行数据的加工和处理。本书建立的可视化评价平台是以第 5 章构建的施工质量评价数据库为基础,进行相关功能的开发,数据库中存储的全部评价数据(图形评价数据、参数评价数据和其他评价数据)提供了该平台的数据需求。

2) 平台设计的功能需求

施工质量可视化评价平台的开发和应用,是为了实现工程项目各参与方对施工质量评价信息的可视化管理,这涉及平台的开发者、用户等多方人员,以及与施工质量相关的大量信息。因此,在平台开发使用的过程中,主要有以下五项功能需求。

(1) 用户管理:对用户信息、用户权限和用户操作日志等进行统一管理,便于开发者和管理员查看并维护平台数据。

(2) 项目基本信息栏:显示项目的基本信息,使用户能够了解项目概况。

(3) 三维模型展示:BIM 中关联了质量信息的三维视图,能够最直观地让用户看到建筑物的外观形态和质量状况,满足用户的可视化需求。

(4) 质量评价信息综合查询:平台除了在三维模型展示的同时为用户提供质量信息外,还应该为用户提供满足各类筛选条件的查询功能,供用户根据自身业务需求对质量评价信息进行综合查询。

(5) 质量文件管理:施工过程中有很多记录质量情况的文件是非结构化的,如 Word、PDF 文档和音频、视频等多媒体文件等,这些文件也是施工质量评价过程中非常重要的一部分,需要对其进行统一的存储和管理,便于用户进行调用查询。

3) 平台设计的性能需求

施工质量可视化评价平台的设计应满足如下几项性能需求:

（1）安全性。安全性是指保障平台底层数据库中存储的数据不外泄、不丢失。一方面，数据库中存储了平台注册用户的相关信息，应该对其进行妥善的存储和管理，避免造成个人隐私泄露。另一方面，数据库中存储了大量的施工质量信息，这些信息对于施工质量的检查、验收和评价或信息核查都十分重要，一旦丢失或被恶意篡改将严重影响工程质量管理工作的开展。因此，需要建立完善的数据备份和权限管理机制保障数据安全。

（2）稳定性。平台的运行应具有良好的稳定性，平均无故障工作时间应大于 30 天，支持并发访问的用户数量应不少于 100 人。平台维护人员应定期对其进行调试和维护，保障用户能够无故障操作。此外，还应注重改善平台的整体性能，尤其是响应时间，避免出现用户操作卡顿等现象。

（3）规范性。平台在开发和使用的过程中，涉及计算机编程语言、操作系统、软硬件等诸多内容，无论是代码的编写还是运行环境的选取和测试，都应选取主流产品，遵循国际通用的规范化标准和流程，为平台的后台维护人员和前端用户提供便捷。

（4）易用性。易用性是指平台操作简单易学，新用户能够快速熟悉平台的相关使用功能并流畅地进行操作，这主要包括两方面内容：首先，用户界面设计应做到布局合理、美观大方，便于用户快速拾取预操作的内容；其次，平台相关术语的设定应简洁易读，使用工程中的通用术语，尽量避免因生僻字词的使用给用户带来误解。

（5）可扩展性。在平台开发完成并投入使用后，随着用户需求的改变、数据量的增大或数据格式的增加，并且充分考虑到平台与其他系统或程序的兼容等问题，需要对其进行功能完善，这就要求平台具有良好的可扩展性。

5.6.2　系统总体设计

5.6.2.1　系统体系结构设计

系统平台的体系结构先后经历了单用户体系、文件/服务器（F/S）体系、客户机/服务器（C/S）体系和浏览器/服务器（B/S）体系四个阶段，其中 C/S 结构和 B/S 结构是当今世界开发模式技术架构的两大主流技术。C/S 结构是由客户端和服务器端组成的两层拓扑结构，通过将任务合理分配到客户端和服务器端，降低了系统的通信开销。客户端和服务器端的程序不同，客户端集中了用户的程序，这些程序主要完成用户的具体业务；服务器端主要提供数据管理、数据共享、数据及系统维护和并发控制等。C/S 结构开发比较容易，操作简便，但需要安装客户端才可进行管理操作，且客户端程序的维护和应用程序的升级较为困难。B/S 结构是伴随着因特网的兴起，对 C/S 结构的一种改进。从本质上说，B/S 结构也是一种 C/S 结构，它可以看作一种由传统的二层模式 C/S 结构发展而来的三层模式 C/S 结构在 Web 上应用的特例。B/S 结构中 Web 浏览器是客户端最主要的应用软件，客户机上只要安装一个浏览器，服务器安装数据库，浏览器就可以通过 Web Server 同数据库进行数据交互。这种模式统一了客户端，将系统功能实现的核心部分集中到服务器上，降低了系统开发、维护和使用的难度和成本。

施工质量可视化评价平台的用户涉及工程项目中的众多参与方，结合以上 C/S 结构

和 B/S 结构的特点,在设计平台的总体系统结构时主要从以下两方面考虑:

一方面,由于各参与方来自不同的单位,其计算机的操作系统、软硬件配备情况等不尽相同,如果采用 C/S 结构需要开发适用于不同操作系统的桌面安装程序,工作量较大,而采用 B/S 结构则对用户的计算机环境没有特殊要求,只要安装浏览器就可以实现平台上的相关操作。

另一方面,在平台注册过的不同权限、不同单位、不同职能部门的用户会对接入平台的数据进行并发访问,如选用 B/S 结构,在服务器完成数据更新后,并发访问的各用户就可以通过浏览器看到实时更新的数据,避免信息获取滞后。

综上所述,本书的施工质量可视化评价平台选用 B/S 结构进行设计,总体系统结构如图 5-44 所示。

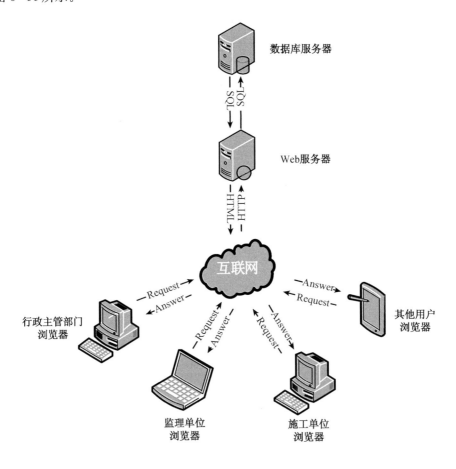

图 5-44　施工质量可视化评价平台的系统结构

5.6.2.2　系统技术架构设计

施工质量可视化评价平台通过前台的可视化界面实现和用户的交互,为用户的可视化数据操作提供了环境;同时,前台将数据请求逐层传递至后台数据库系统后完成相应数据的执行过程,并将处理后的数据再度反馈给用户。根据平台数据传递和应用的特点,将

其总体技术架构设计为表示层、应用层、数据处理层和基础数据层四个层次,如图 5-45 所示。各层的具体业务功能如下:

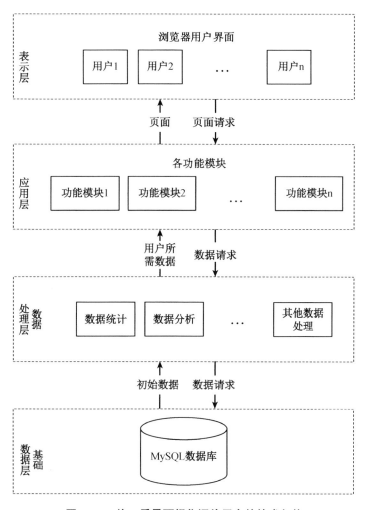

图 5-45　施工质量可视化评价平台的技术架构

(1) 表示层。表示层是指用户浏览器中显示的用户界面,是施工质量可视化评价平台的最顶层。该层为用户和系统应用层之间提供了一个人机交互的环境。用户可以根据自身需求,对浏览器中的可视化界面进行相应操作,向应用层发出页面请求,底层的处理结果也会通过该层界面反馈给用户。

(2) 应用层。应用层集成了各功能模块,是整个平台的核心业务层,该层的两大功能就是信息传递和数据整合归类。应用层作为平台的中间层,向上连接着表示层,向下连接着数据处理层,这就决定了它一方面要能够准确地识别不同用户的页面请求并传递至数据处理层,另一方面还要将接收到的数据处理层传来的数据按照功能模块的划分进行合理的整合归类,最后传递至表示层界面以用户需要的方式呈现出来。

(3) 数据处理层。数据处理层是连接基础数据层和应用层之间的过渡层。该层将应用层传递过来的数据请求继续传至基础数据层,待获取基础数据层传来的初始数据后,根据应用层数据需求的特点对其进行统计、分析等数据加工,然后将加工后的符合用户查询需求的数据传递到应用层。

(4)基础数据层。基础数据层是整个平台的最底层,针对本书的施工质量可视化评价平台而言,即底层的 MySQL 数据库,该数据库中存储了与施工质量评价相关的全部评价数据,为平台中其他各层业务功能的实现提供了数据支撑。该层接收到由数据处理层传来的数据请求后,将会在数据库中搜索到符合要求的初始数据并传递至数据处理层。

5.6.3 系统功能模块设计

5.6.3.1 总体功能模块设计

根据 5.6.1 节的功能需求分析,施工质量可视化评价平台功能的实现需要设计用户管理模块、项目基本信息模块、三维模型展示模块、质量评价信息综合查询模块、质量文件管理模块和用户沟通模块五个主要功能模块,如图 5-46 所示。各模块既相互独立,又相辅相成,通过分工配合满足用户的各项需求,保证平台整体的顺利运行和功能实现。

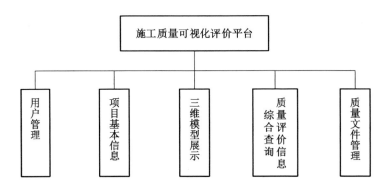

图 5-46　平台总体功能模块

5.6.3.2 用户管理模块设计

用户管理模块是对用户注册信息、用户角色权限和用户操作日志进行综合管理的平台子模块,其具体管理内容如下:

1)用户注册信息管理

施工质量可视化评价平台是为工程项目各参与方的工作而服务的,并非是向所有社会公众公开的无门槛信息查询平台。因此,用户想要在平台上进行相关操作,首先需要进行有效注册,用户注册信息主要包括:账号、用户名、职工号、用户类型和密码。平台需要对这些信息进行妥善管理,以便在用户申请登录时准确识别用户身份并做出反馈。

2)用户角色权限管理

平台用户类型划分为"高级管理员""中级管理员"和"普通用户"三类角色,不同角色的用户具有不同的平台操作权限,如表 5-40 所示。平台的注册用户主要包括建设单位相关人员、施工单位相关人员、监理工程师和行政监管部门人员等,各类工作人员的角色划分如表

5-41 所示。建设单位和施工单位的普通员工,以及行政监管部门人员是平台的普通用户,只能进行模型浏览、信息查询、文件下载和公开发言等基本操作;施工单位项目负责人、专业技术负责人和监理工程师是平台的中级管理员,除拥有普通用户的权限外,还可以对质量信息和文件进行修改;建设单位项目负责人是平台的高级管理员,拥有全部 11 项操作权限。

表 5-40　各类角色的平台使用权限

序号	权限	角色		
		高级管理员	中级管理员	普通用户
1	修改用户资料	√	√	√
2	设置用户权限	√		
3	删除用户	√		
4	录入、修改、删除项目基本信息	√		
5	查询项目基本信息	√	√	√
6	浏览三维模型	√	√	√
7	录入、修改、删除质量评价信息	√	√	
8	查询质量评价信息	√	√	√
9	上传、修改、删除质量文件	√	√	
10	查看、下载质量文件	√	√	√
11	公开发言	√	√	√

表 5-41　注册用户的角色划分

角色	高级管理员	中级管理员	普通用户
注册用户	建设单位项目负责人	施工单位项目负责人 施工单位专业技术负责人 监理工程师	建设单位普通员工 施工单位普通员工 行政监管部门人员

3)用户操作日志管理

用户操作日志管理主要是针对用户的登录、注销信息和用户的各项操作进行记录,以供平台管理员和维护人员查看其使用情况,并进一步开展平台管理和数据维护工作。

5.6.3.3　项目基本信息模块设计

该模块的功能是项目基本信息的录入和查询,主要包括项目类型、项目名称、立项批准文号、总建筑面积等。根据 5.6.3.2 节的权限划分,建设单位项目负责人可以录入、修改和查询项目的基本信息,其他用户的"项目信息录入"呈灰色状态,只能查看项目基本信息。

1)三维模型展示模块设计

结合 Revit 软件开发相关插件后,该模块就能够实现建筑物三维模型的浏览,以及相关质量信息的查询。在该功能模块内,首先可以打开需要查看的建筑物三维模型,待模型载入后便可以进行三维浏览。浏览时,一方面可以通过切换视图(如顶部视图、底部视图、等轴测视图等)和旋转等功能实现 360°全视角浏览;另一方面还可以勾选特定模型构件实现建筑物特定部位的查看,同时 5.4.3 节中映射到 BIM 的参数化质量评价信息也会跟随选定的相应构件显示在页面当中,从而实现质量评价信息的同步查看。此外,三维模型浏览时,还可以根据页面尺寸和显示内容对模型进行放大、缩小、移动等辅助操作;管理员也可以修改指定信息并保存。该模块主要实现了三维模型和质量评价信息的可视化显示,使得用户的质量评价工作更直观、容易。

2)质量评价信息综合查询模块设计

该模块提供对底层数据库中除用户信息外的质量评价信息的综合查询,主要包括如下四项功能。

(1)筛选:用户可以根据自身需求对质量评价信息按照诸如施工质量等级、偏差限值、验收时间节点或自定义等不同条件进行复合筛选查询,该功能可以使用户更便捷地进行数据统计和质量信息的对比分析。

(2)排序:用户可以选定任意字段或自定义新的规则,实现查询结果的升序或降序排列。

(3)报表管理:报表管理为用户提供了定制的报表模板和自定义功能,用户可以通过报表生成功能将查询的信息以报表形式显示。此外,该模块还设置了报表修正、报表保存、报表导出、报表查询等一系列功能,方便用户对生成的报表进行动态调整、保存和输出。

(4)自定义输出:自定义输出子功能模块为用户提供了多种可选的查询结果的输出方式和存储格式,以满足用户的自定义输出需求。输出方式主要包括文字描述、统计表、统计图等,文件存储格式主要包括.doc、.xls、.txt 等。

3)质量文件管理模块设计

质量文件作为参数质量评价信息的数据来源和参考依据,是工作人员开展施工质量评价工作必须查看和参考的内容,需要设置相应功能模块对其进行统一管理。该模块根据质量文件存储方式的不同,分为质量记录文档和多媒体文件两个子功能模块,各自包括如下内容。

(1)质量记录文档:与施工质量及其评价相关的条例、法规、标准;项目施工图纸;合同文件;现场施工质量验收记录表;施工质量评价表;BIM 的导出文件(如 IFC 文件、Excel 电子表格等);施工现场拍摄的图片等。

(2)多媒体文件:反映施工质量情况的音频和视频等多媒体文件。

普通用户在各模块可以通过文件名中的关键字(词)或文件后缀名搜索所需文件,进行查看、下载;管理员还可以上传、修改或删除质量文件。

5.6.4 系统界面设计和可视化功能实现

结合平台各功能模块的功能需求以及平台界面设计的原则,对平台的登录界面和各功能模块界面进行设计,实现其可视化功能。下面以单体建筑物为实例,展示平台界面的设计情况和可视化功能。

1) 登录界面和主界面展示

平台登录界面包括"注册"和"登录"两项功能按钮,使用者可以通过注册成为平台的新用户,已注册用户输入用户名和密码两项信息便可以登录进入平台,如图 5-47 所示。平台主界面由顶部标题栏、左侧功能菜单栏和显示窗口三部分组成,如图 5-48 所示。标题栏包括平台名称、用户中心和用户注销选项;菜单栏列出了平台的五项功能模块;显示窗口结合地图形式显示工程项目所在位置和外观形状。

图 5-47　平台登录界面

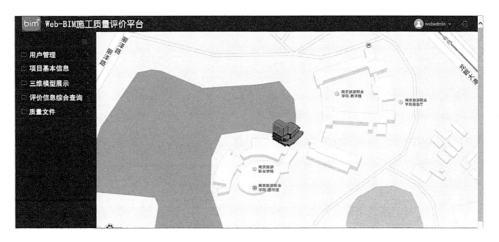

图 5-48　平台主界面

2) 用户管理模块功能展示

管理者通过单击功能菜单的"用户管理"可进入后台管理系统,如图 5-49 所示。管理者可以在该系统内查看所有用户的基本信息,如用户名称、状态、添加日期等。此外,还可

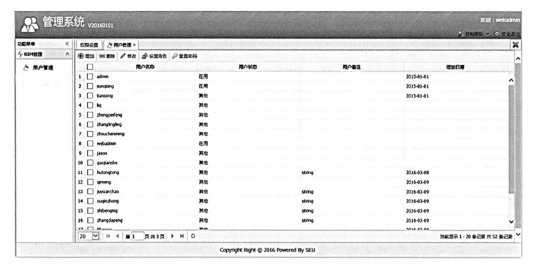

图 5-49　用户管理界面

以进行增加/删除用户、修改用户信息和设置用户权限等操作。

3）项目基本信息模块功能展示

项目基本信息功能模块的界面如图 5-50 所示。按照该模块的功能需求，将其功能菜单划分为"项目信息录入"和"项目查询"两个子菜单。管理者可以在项目信息录入菜单下实现基本信息的录入、修改和删除等操作，普通用户可以在项目查询菜单下对项目基本信息进行浏览和筛选查看。

图 5-50　项目基本信息界面

4）三维模型展示模块功能展示

三维模型展示模块的界面如图 5-51 所示。该模块界面的显示窗口主要分为三个部分：左侧选择菜单，中部三维模型显示区域和右侧信息栏。左侧选择菜单可以对需要显示的构件进行勾选；中部三维模型显示区域会识别左侧勾选的内容并显示对应构件的三维视图,可以通过上部边栏的选择按钮对模型显示的角度、大小和位置进行调整;右侧信息栏能够显示对应构件的属性信息。

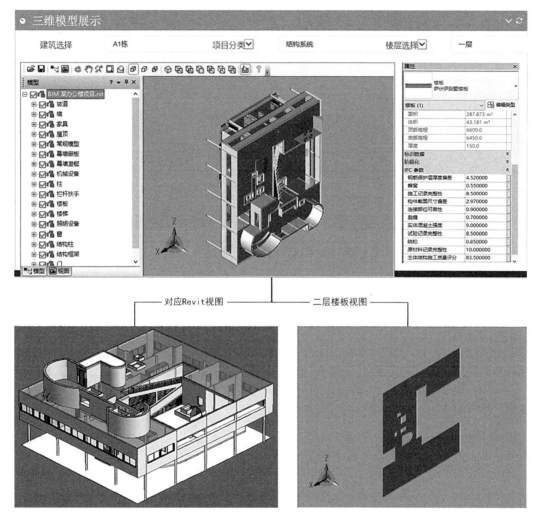

图 5-51　三维模型展示界面

5) 质量评价信息综合查询模块功能展示

质量评价信息综合查询模块的界面如图 5-52 所示。用户在查询条件筛选框内输入所需信息后单击右上角的"查询"可实现复合筛选查询,单击"报表"或"输出"可以将查询结果生成为报表或以自定义方式输出。

6) 质量文件管理模块功能展示

质量文件管理模块包括"质量记录文档"和"多媒体文件"两个子功能模块,其各自界面如图 5-53、图 5-54 所示。质量记录文档界面以列表形式显示各质量文档,用户可以进行文档上传、下载或在线浏览操作,还可以通过关键词搜索快速查询所需文档。多媒体文件界面平铺显示了相关音频和视频文件,可供用户在线查看。

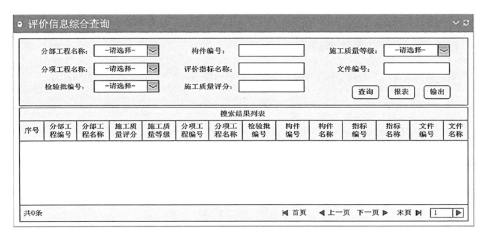

图 5-52　质量评价信息综合查询界面

图 5-53　质量记录文档界面

图 5-54　多媒体文件界面

第6章

基于智能化的物业管理系统设计与技术方案

6.1 基于智能化的物业管理的内涵和特点

6.1.1 基于智能化的物业管理概念

物业管理是指由专业化的物业管理企业根据业主和使用人的委托,依据国家法律、法规、用户签订的物业管理委托合同的约定,运用现代管理科学和先进的科学技术,以最有经济效益的方法对房屋及设备、公共设施、相关环境等实施企业化、社会化、专业化、规范化、信息化的管理,为业主和用户提供全方位的、高效的、优质的、经济的服务,提高物业的使用价值和经济价值,使物业发挥最大的社会效益、环境效益的管理活动。

物业管理对象是建筑物实体、相关场地、配套设备设施以及建筑智能化系统。现代化物业管理的目的就是保证物业的正常使用,充分发挥物业的功效,实现物业的社会价值,延长物业的使用寿命,帮助物业持有者实现物业的保值、增值。物业管理服务的重点是物业产权所有人和物业使用人,物业管理者向业主和租户提供满意的服务。

基于智能化的物业管理是一项系统工程,不是简单地将房产建筑与智能设备相堆砌。优良的维护质量以及完善的设施设备是智能管理的基本前提和基础;智能化的设备和良好的系统集成是实现智能建筑的手段和途径,是智能化程度的集中体现,这两者构成了智能"硬件"。智能化非生房产建筑的特点为物业管理提供了一个更广阔的空间,也给物业管理一个展现价值的机会,使物业管理增加了很多新的、技术含量较高的管理服务内容,如网络服务等。通过物业管理和优质的服务使非生房产智能化系统良好运行,真正实现智能化功能,为用户提供多种信息服务和便利、安全、舒适与丰富多彩的生活。因此,智能化物业管理是整个非生房产管理综合水平必不可少的组成部分,它是"软件"。只有将软硬件紧密结合起来,才能真正实现智能化。

6.1.2 基于智能化的物业管理特点

基于智能化思想的物业管理更多借助现代信息技术,即 BIM、Web 互联网技术和数据库技术,将建筑智能化系统和物业管理系统集成于一体化的自动化监控和综合信息服务平台上,实现具有集成性、交互性、动态性的物业管理模式,为业主或用户提供高效率和完善与多样化的服务,以及低成本的管理费用。

智能化房产物业管理与普通物业管理最大的区别,就是智能化思路下物业管理借助于房产整体管理系统的自动化监控与信息处理的能力,并使得物业管理模式与建筑智能化系统运行模式相适应、互相协调与配合,实现物业管理网络化、信息化。

(1) 物业管理网络化

传统的物业管理是自成体系的独立管理模式,也可以称为"信息孤岛"。物业管理的信息传递采用派送表格人工填写、公告栏、广播等方式。

智能化物业管理是通过网络来实现物业管理信息的传递和交互的。在房产建筑实体内部建立宽带 Internet 局域网,实现与 Internet 的连接。物业管理可以通过网络来发送物业管理通知,使用者可以通过网络实现建筑、设备和设施的保修、管理、投诉及查询有关资料。同时,物业管理公司也可以通过远程网络实现对多个异地房产的管理,提高物业管理的效率和优化管理的水平,降低了物业管理的运行费用。

(2) 物业管理信息化

信息管理体现和渗透到管理的所有方面,在物业管理活动中,信息种类繁多,数据量大,信息涉及物业的产生、交易、维护,处理过程中人与人、人与物、物与物关系处理的各种记录、文件、合同、技术说明、图纸等资料,并且这些资料因物业种类、物业业主及管理者的不同而不同。因此,数据量大,管理任务重。在自然、社会以及人为因素作用下,物业的实物形态和使用状态经常处于变化发展之中,需要实时更新,动态跟踪。智能化物业管理凭借现代化信息技术,使物业信息的管理具有集成性、交互性和动态性特征。

① 集成性

房产智能化物业管理信息系统建立在网络集成、系统集成和数据库集成的一体化信息系统集成平台之上。

■ 网络集成

智能化住宅小区的物业管理实现了物业管理信息网络与自动化控制网络的集成,使安防系统监控信息、物业管理服务信息、公共设备管理信息以及企业外部信息汇入信息网络,甚至可以通过互联网实现对房产内部运维报警状态的监控,丰富了物业管理的信息内容和服务领域。通过信息网络与自动化控制网络的互联,可以实现物业管理设备与计算机的协同工作和信息共享,为智能物业管理的信息化提供了高速的综合传输通道。

■ 系统集成

智能化物业管理实现了设施设备与安全报警监控系统、物业管理信息系统以及信息服务与管理系统的一体化系统集成。通过一体化系统集成将物业管理的要求、功能与系统紧密地融合在一起,从而实现了系统中信息、数据、规则、人员、设备、网络、环境、应用模式的整合,并将其在物业管理媒体内容一级上进行整合和集成,使之统一在物业管理的框架平台上,按物业应用的需求进行系统连接、设备配置和信息共享。

■ 数据库集成

智能物业管理的数据库集成了设施设备与安全报警监控数据库、智能物业管理数据库和信息服务与管理数据库,通过物业管理数据库的集成,最终实现物业管理的交互和动态数据处理。

② 交互性

智能化物业管理信息化的交互性特征,是其所具有的独特体现。传统的物业管理无法利用 BIM 与 Web 科技,实现人(管理员)与物(设备)和人(管理员)与人(住户)之间的信息交互以及意见与建议的沟通。智能物业管理充分体现了现代管理的理念,即管理无时不在、管理无处不在;同时,管理是双向的,管理者和被管理者共同参与管理。

③ 动态性

智能化物业管理信息化的动态性特征,也是区别于传统物业管理模式的主要特征。智能化住宅区的物业管理改变了以往依靠人工方式来采集有关物业管理信息和数据资料的方式,通过网络,自动化地实现信息的采集和综合,获得动态的、实时的数据,进行信息的分析和处理、交换和共享。

智能化物业管理信息化的动态性特征体现在信息采集的自动化、实时性和可靠性上。与物业管理相关的数据库大都可以自动生成。智能物业管理信息化的动态性特征还体现在数据采集的实时性上。智能物业管理通过建筑智能化系统所提供的机电设备获得报警信息,实时的报警信息的提供将有利于物业管理对突发事件的处理和对事件现场形势的控制。

6.2 基于智能化的物业管理系统设计

6.2.1 系统需求分析

6.2.1.1 系统业务功能需求分析(图 6-1)

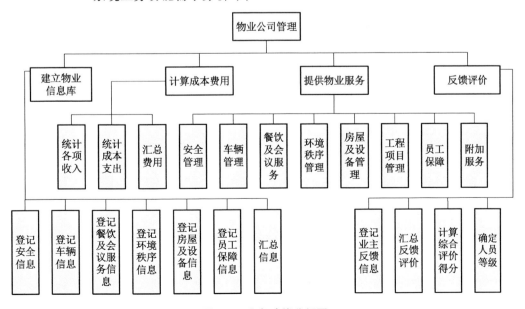

图 6-1 业务功能分析图

（1）组织结构分析（图 6-2）

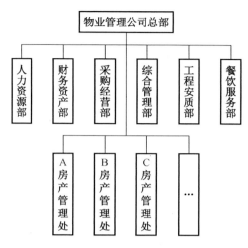

图 6-2　组织结构图

（2）组织/业务关系分析（表 6-1）

表 6-1　组织/业务关系分析

功能	序号	业务关系组织	总部						管理处					
			人力资源部	综合管理部	财务资产部	采购经营部	工程安质部	餐饮服务部	保洁员	服务员	维修员	保安员	工程师	综合事务员
建立物业信息库	1	登记安全信息										＊		√
	2	登记车辆信息										＊		√
	3	登记餐饮及会议服务信息								＊				√
	4	登记环境秩序信息							＊			＊		√
	5	登记房屋及设备信息									＊			√
	6	登记员工保障信息												＊
	7	汇总信息												＊
计算成本费用	8	统计各项收入			＊									
	9	统计成本支出			＊									
	10	汇总费用			＊									
提供物业服务	11	安全管理										＊		×
	12	车辆管理										＊		×
	13	餐饮及会议服务								＊				×
	14	环境秩序管理										＊		×

续表 6-1

功能	序号	业务关系组织	总部						管理处					
			人力资源部	综合管理部	财务资产部	采购经营部	工程安质部	餐饮服务部	保洁员	服务员	维修员	保安员	工程师	综合事务员
提供物业服务	15	房屋及设备管理									*			×
	16	工程项目管理											*	×
	17	员工保障												*
	18	附加服务							*	*	*	*	*	×
反馈评价	19	登记业主反馈信息	√						*	*	*	*	*	
	20	汇总反馈评价	*											
	21	计算综合评价得分	*											
	22	确定人员等级	*											

注:"﹡"表示该项业务是对应组织的主要业务;

　　"×"表示该单位是参加协调该项业务的辅助部门;

　　"√"表示该单位是该项业务的相关部门;

　　"空格"表示该部门与对应业务无关。

(3) 业务流程图

业务流程图(父图)

本系统有四大模块,分别是建立完整的物业信息库模块、提供高效便捷的物业服务模

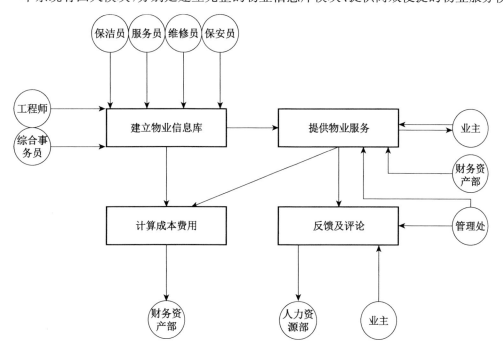

图 6-3　业务流程图(父图)

块、计算成本费用模块以及评价反馈模块。首先是各物业管理处对所管辖的区域信息、楼盘信息、周边设施信息等信息进行登记,然后由管理处的相关人员提供物业服务,包括安全管理、车辆管理、环境秩序管理、房屋及设备管理、工程项目管理、员工保障这几项服务功能。紧接着由财务部根据上述两个模块中的相关数据计算物业管理的成本费用,同时业主对管理处的服务进行评估反馈,相关信息会传递给公司总部的人力资源部,用于对各管理处进行评比,以提高其服务水平(图 6-3)。

建立物业信息库流程图

各物业管理处对所管辖的区域信息、楼盘信息、周边设施信息、车辆信息、安全信息等信息进行登记,建立完备的物业管理信息库,为管理处的相关人员提供物业服务打下基础(图 6-4)。

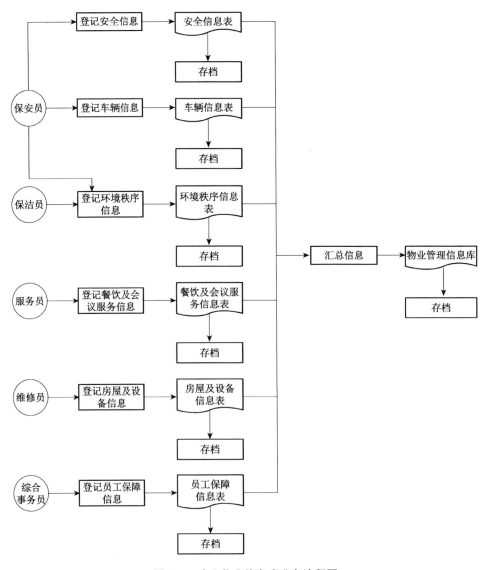

图 6-4 建立物业信息库业务流程图

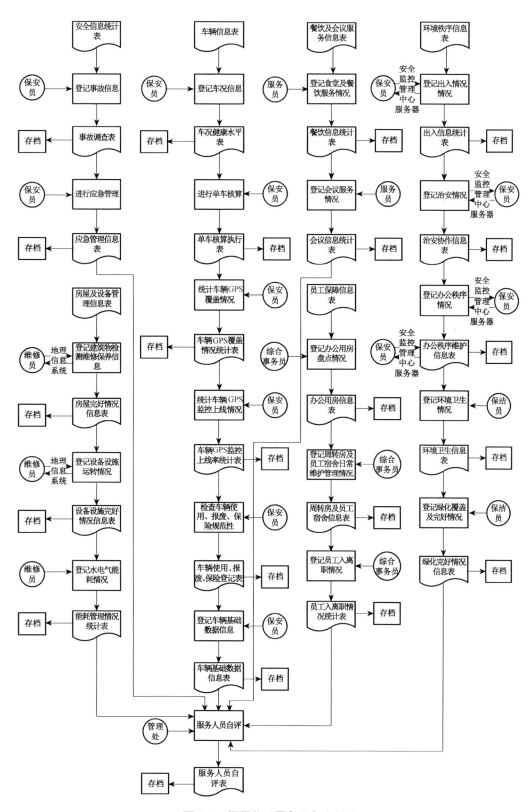

图 6-5　提供物业服务业务流程图

提供物业服务流程图

本系统根据实际需要，主要有安全管理、车辆管理、环境秩序管理、房屋及设备管理、工程项目管理、员工保障等业务。

安全管理指现代化建筑运维的所有的安全信息，包括交通安全、食品卫生、设施设备、消防治安以及这些方面的应急预案编制、应急队伍建设、应急物资储备、应急演练工作开展情况。需要对这些信息进行增加、删除、统计、查询以及房屋信息的更新等操作。车辆管理指现代化建筑运维的车辆完好情况、单车核算执行情况、车辆 GPS 覆盖情况、车辆 GPS 监控上线情况、车辆使用规范性、车辆保险规范性、车辆报废手续规范性、车辆基础数据。餐饮及会议服务指现代化建筑运维的健康食堂创建情况、餐饮工作完成质量、会议接待工作质量。环境秩序管理指现代化建筑运维的出入管理、治安协作、办公秩序维护、环境卫生、绿化完好程度。房屋及设备管理指现代化建筑运维的房屋完好情况、设施设备完好情况、能耗管理。工程项目管理指项目储备、项目执行、施工现场管理规范情况。员工保障指员工的办公用房保障、周转房及宿舍保障、入离职保障。

结合物业信息维护与业务信息管理模块、空间地理数据、实时监控的动态视频、安全监测与报警模块等功能模板，主要的业务流程图如图 6-5 所示。

成本费用计算业务流程图

物业管理处为业主提供优质的物业服务后，财务部门汇总各项收入和成本支出，计算总费用，并最终形成报表传输至物业信息库和公司总部存档（图 6-6）。

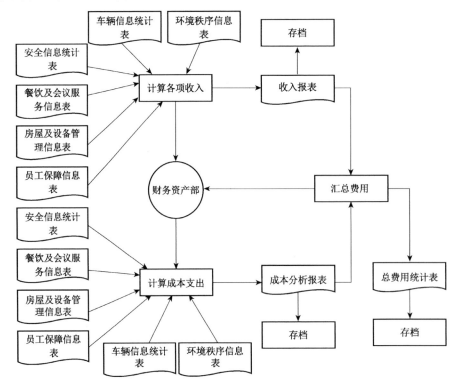

图 6-6　成本费用计算业务流程图

反馈评价业务流程图

业主对整个服务过程进行评价,提出建议,促使物业公司不断提升管理处的服务水平和公司总部的管理水平(图 6-7)。

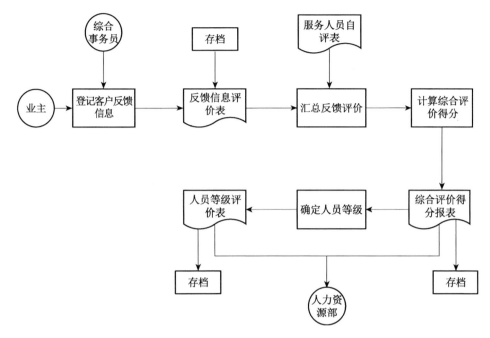

图 6-7 反馈评价业务流程图

6.2.1.2 系统功能需求分析

物业基本信息管理模块主要用于对房产基本概况、房屋房产和设备设施综合信息实施管理,并为用户和管理人员提供信息查询、浏览、统计等功能和信息服务。物业业务管理模块主要完成诸如费用结算、专业维修、紧急报险、物管调度等专业业务管理和工作安排,并为管理者提供方便的操作平台和管理模式。

物业区域地理信息系统是借助 Web 与 BIM 技术实现技术和应用模式开发智能化的信息系统,主要包括地理概况、道路分布、绿地景观、水电管网布局、建筑设施分布与房型设计等地理图形和设计视图等复杂信息。该模块的功能在为物业管理人员和物业用户提供相关地理信息、建筑设施等图形信息的查询、浏览、缩放等常规操作功能之外,还应为物业管理人员提供超常规的区域、建筑、管线、房间等地理空间的定位分析和辅助决策功能,如物业管理场所的选址,管线故障位置分析等。

安全管理实时监控与报警子系统主要用于区域内部的安全监控和管理。功能需求包括:实时监控、安全预警、紧急报警、安全救助等安全管理和救助服务工作。为了达到此功能,物业内部适当位置应安装配置相关的视频摄像头和火警、燃气泄漏传感设备,一旦实时监控发现可疑现象或报警事件,应立即提供相应的安全管理和救助措施。目前,智能化物业管理系统最常见的安全管理措施主要包括:门卫外来人员及其车辆登记与视频监控,小区内部周边及其内部枢纽位置的实时视频监控,小区建筑内部的防火、防燃气泄露传感器监控,小区业主安全应急救助设施等。这些安全基础设施的建设可以实现现代物业管理系统为小区内业主提供一流的安全保证和服务。

现代物业管理信息系统除具备上述功能需求外,还要考虑到系统的非功能需求,如数据、性能、环境、安全等方面的各种需求。这些非功能需求,诸如信息的隐私安全、监控系统的可靠性、系统响应的及时性、系统的可维护性等都是开发过程中非功能需求分析、设计与实现的重点,也是整个系统智能化特征的具体体现,应予以充分考虑和重视。

6.2.1.3 技术需求分析

(1)基于 IFC 的信息共享接口

IFC 文件可以打破各软件数据不兼容的难题。当需要多个不同软件完成任务时,由于每种软件都有一套自己的数据格式,这给数据的交换和共享带来障碍。IFC 是一个标准的、公开的数据表达和存储方法,每种软件都能导入导出这种格式的工程数据。也就是说,任何工程类软件都可以以 IFC 作为数据交换的中介和中转站完成数据的无障碍流通和链接,从而实现最大限度的数据共享,避免重复劳动,减少社会成本。智能化的非生房产物业管理系统通过开发 IFC 接口,将 Revit 中的模型通过 IFC 文件导入系统中,并保存模型的所有属性信息。

(2)BIM 多维存储与优化

BIM 中三维模型数据量极其巨大,智能化的非生房产物业管理系统通过采用实体扫掠法和边界描述法等多种方法,从多维角度对同一构件进行存储,并在不同需求情况下,动态获取各维度的信息。同时,对 BIM 中的三维构件,采用模型转化机制、位置映射、边界简化等技术和算法,大大优化并降低 BIM 信息的存储量。

(3)基于网络的 BIM 数据库及其访问控制

通过搭建完备、高效的信息数据库,实现建筑及机电设备竣工图的 BIM 模型信息存储,并通过并发访问控制机制,确保多用户协同工作的数据安全性。

(4)设备成组标识与基于移动平台的设备识别

通过开发二维码接口,将单个设备及区域内设备的关键信息成组,并以二维码标签的方式标识并保存起来。当移动平台设备扫描到该标识时,能提取其信息,并可在无线网络环境下,从 BIM 数据库中获取其他相关属性信息。

① 二维码制作

二维条码/二维码(Two-Dimensional Barcode)是用某种特定的几何图形按一定规律在平面(二维方向上)分布的黑白相间的图形上记录数据符号信息;在代码编制上巧妙地利用构成计算机内部逻辑基础的"0""1"比特流的概念,使用若干个与二进制相对应的几何形体来表示文字数值信息,通过图像输入设备或光电扫描设备自动识读以实现信息自动处理。在操作过程中,可以把建筑或者其他项目隐藏,然后对构件进行选择,进入制作条形码界面。列表中的每一行代表一个构件的信息,选择某一行时,该构件的信息将会在上部的文本框中显示。列表中的信息都会写进二维码中。

② 二维码信息的读取

在移动设备上运行二维码扫描系统，进入条码详细信息查看界面中。当选中列表中的某一行时，该构件的上游信息会显示在列表下方的文本框中。通过"更多操作"的菜单，可以查看在列表中选中行的构件的上游信息、下游信息、详细信息和图纸中的定位。

（5）海量运维信息的动态关联技术

面向海量的施工、运维信息，针对机电设备不同的系统划分，研究其基于构件的信息动态成组技术与动态关联技术，并形成上下游动态模型，实现高效的信息检索、查询、统计、分析与应急预案决策支持。

6.2.2　平台功能模块设计

根据非生房产物业管理的实际需求，对智能化物业管理系统各主要功能模块功能论述如下：

（1）物业信息维护管理

系统必须为物业管理人员和用户提供的基本管理模块，主要用于小区物业基本信息的维护和管理。具体包括小区设施资料、房产资料和住户资料等记录数据的增加、删除、修改、检索、查询等基本维护和管理操作。除此之外，该子系统应该对一些重要信息数据提供隐私保护与安全维护，要严格划分不同用户对系统和系统数据的使用及共享权限。

（2）物业业务信息管理

本子系统提供物业业务的管理功能。主要功能包括如下两个方面：① 物业费用收缴管理，用于各种物业费用的记录、统计、查询等管理。② 物业报修管理，用于小区住户和管理人员报修管理，如住户住房内部的水、电、气管线等损坏故障报修、房屋内部建筑设施损坏（房屋渗漏、墙体墙表脱裂）报修等，维修任务的下达，维修工人的计划和派出，维修任务的完成，维修质量的跟踪与监控等。本子系统的性能要求是在为业主提供便捷报修操作的同时，还要为物业管理部门或相关人员提供近乎同步的报修信息通报，并在地理信息系统的支持下，实现报修事件的可视化定位操作，以及维修的辅助决策，以真正提高物业管理信息系统的可视化和智能化。

（3）物业地理信息管理

主要实现对房屋空间数据的采集、存储、处理、定位、分析、浏览和查询等操作。主要功能设计包括地图的常规操作，如察看、鹰眼、放大、缩小、漫游等。信息的查询操作，分为按点击图形（热敏点或区域）查询，即点击图形热点，系统可查询显示相关图形图像信息以及相关的文本解释信息；按属性查询，即依据关注的属性（可以是住户姓名、楼房编号、设施名称等）信息实施检索查询，并以查询结果自动实现地理信息的图形定位和现实操作；辅助决策功能，即通过地理信息系统，实现点和区域（绿地、体育场所、车位、道路等）的定位、布局分析，水、点、气管线的定位、设计和铺设量化分析等。通过分析，给出总体最科学、最美观、最经济的建设和维护方案。

（4）安全监控与报警管理

该子系统主要提供日常常规安全管理功能和自动实时安全监控功能。日常常规安全管理主要包括：日常保安执勤工作管理，门卫车辆、来访人员登记、检查、记录管理等。安全自动实时监控管理主要是借助于布置在小区内部的摄像头、传感器（防火、防燃气泄漏）等动态数据采集设备实时采集视频或传感信号，并通过小区内部计算机网络传输、存储到安全监控管理中心服务器，再通过中心分析处理，根据实际安全异常事件及时发出安全警报，随即采取相应的安全应对处理措施。例如，有人夜间翻越围墙或大门，则管理中心值班人员可通过远程红外视频监控图形定位和锁定目标，立即向保安人员发出警报和相关重要信息，如地点位置、翻越人数、持有器械等，以保证安保人员准确及时地应对和处理安全事故。

6.2.3　系统总体架构设计

6.2.3.1　系统体系结构设计

本系统设计采用 B/S 模式。其特点是具有广泛的信息发布能力，对客户端的用户数量以及用户环境没有限制，客户端只需要普通的浏览器即可，对网络也无特殊要求。B/S 模式的三层体系结构包括表示层、业务逻辑层和数据访问层，如图 6-8 所示。

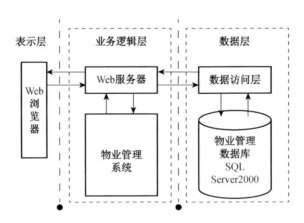

图 6-8　B/S 模式的物业管理三层架构

（1）表示层

表示层是系统与用户的交互接口，主要任务是接收用户（物业管理人员和用户）的操作请求，并将此请求提交给业务逻辑层处理用户请求的各种操作。逻辑层完成操作后，再将操作结果返回给表示层，表示层接收逻辑层返回的结果，输出给需要的操作用户。在本系统中，物业管理系统为用户提供的全部功能均在表示层以浏览器的界面形式实施各类用户与系统的交互操作，具有简单易行、操作方便、实用可靠等特点。

（2）业务逻辑层

主要负责前端用户的操作请求处理和后端数据层（数据库）的访问操作。业务逻辑层的工作过程为：接收到用户提交的操作请求后，随即调用相应的逻辑处理程序进行请求操作的业务处理。若本次处理涉及数据访问操作,逻辑层将按照规定的数据访问格式和操作方式向数据层提交数据访问操作请求,数据层接收并完成数据访问操作后,再将访问结果返回给逻辑层,逻辑层最后将业务处理结果返回给用户所在的表示层。

（3）数据访问层

主要为整个系统和逻辑层提供后端数据库系统的访问操作服务。本系统中数据层的工作重点是实现物业复杂异质数据的表示、存储和管理等。在物业管理系统中,数据层设计的重点是在保证常规文本数据的存储管理的基础上,如何更好地实现地理图形、视频、音频、数字信号等复杂数据的海量存储和管理,同时还要实现各类数据的集成和互操作。

6.2.3.2 系统实现流程

（1）数据库的创建

首先,数据层的实现使用 SQL Server2000 作为数据库开发平台而实施系统后端数据库的创建。根据系统的数据需求分析可知,在创建的关系数据库系统中应包含两种表,一种是物业信息表,一种是编码表。信息表用于存储和管理物业常规数据、小区地理信息数据、动态视频信息和数字信号数据等。常规数据主要包括小区、房屋、业主基本信息表,收费情况基本信息表等;而地理空间信息数据主要来源于小区的各种地图,通过拍摄、扫描、矢量化,然后用超图的桌面 GIS 软件进行点、线、面的拓扑处理生成 SQL Server2000 支持的数据文件。动态视频数据的采集主要来源于安装在高分辨率摄像头的摄像机拍摄的动态实时视频流,通过视频采集卡接入计算机,利用视频卡所附带的提供功能全面的二次开发包,经过编程实现操纵硬件,按初始化设置的要求捕捉下来,即将采集的模拟视频信号数字化,并接入计算机的帧缓存中,在计算机中存储为视频文件,将其视频文件的存放地址路径存进数据库。

系统中用到的编码表包括:系统中各代码信息对应的编码表,房屋类别对应的编码表,房间单元号对应的编码表等。

（2）物业信息维护与业务信息管理模块的实现

客户端通过浏览器界面提出的物业信息维护和业务数据操作请求,先由 Web 服务器接收和分析,并根据需要调用相应的逻辑处理程序。逻辑处理程序与数据访问层进行通信,当数据层完成数据库访问和操作后,将处理结果返回给 Web 服务器,Web 服务器再将结果发送给客户端浏览器。

数据层所配置的数据库服务器为客户应用提供的服务有:查询、更新、事务管理、索引、高速缓存、查询优化、安全及多用户存取控制等。经过业务逻辑层分析后,如果要读取数据,则在数据访问层中实现对数据库的连接。由数据适配器对数据源和格式之间的信息进行转换,再传送给业务逻辑层;如果是写入数据,则为数据源准备由表现层经业务逻辑层传送过来的数据,再写入数据层数据库系统之中的地理信息管理模块(图 6-9)。

（3）空间地理数据的生成

通过对房屋的图纸和"地图"进行扫描和矢量化,进行点、线、面的图层处理,生成初始的地图文件格式。由于在 Web 上最终可显示的地图是运行时渲染的,图形属性数据通过

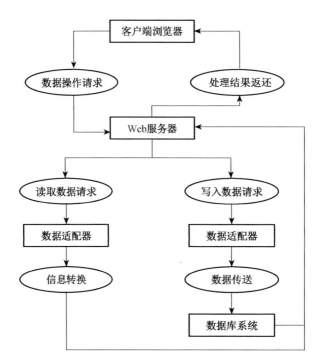

图 6-9 智能化物业信息维护与业务信息管理流程图

接口与数据库结合。然后利用不同类型的数据绑定,由数据集将用户数据和某些信息绑定到地图上,用户就可以轻松地使用鼠标通过浏览器对图形及其相关属性信息进行浏览操作(图 6-10)。

图 6-10 空间地理数据生成流程图

(4)实时监控的动态视频实现

系统以每个视频服务器及其连接的彩色摄像机作为监控单元,其上行连接摄像机,下行连接网络,直接把摄像头摄取的模拟图像信号转化成数字信号,一方面通过计算机网络传输给监控终端的显示设备实时播放,另一方面将帧缓冲器中的数字视频数据传往计算机存储,并把数字视频数据存储地址存放进数据库。通过数据库的调用,读取视频存放的路径信息,从而对视频数据进行播放和监控,如图 6-11 所示。

(5)安全监测与报警模块的实现

安全监测与报警功能模块的实现采用现场探测器,包括被动式红外探测器、煤气/可燃气体泄漏探测器、温度探测器等。目前市场上的探测设备种类较多,可根据系统功能和性能需求选用。当它接收到现场的报警信号时,一方面对现场报警点进行操作、控制和报警;另一方面向房屋监控中心传送相关的报警信息。其实现过程是把探测器感应采集的数据信号转换成计算机可以接收的数据信息,即可实现报警信息跟监控中心的通信,进而由监控中心工作人员做出相应的报警处理(图 6-12)。

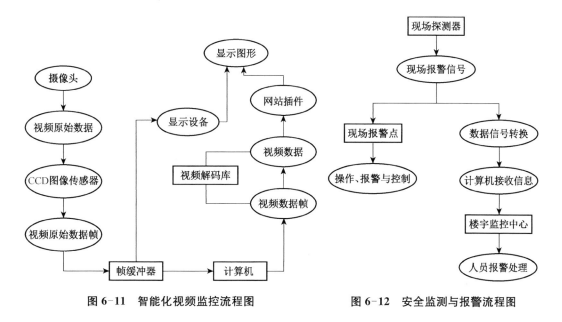

图 6-11 智能化视频监控流程图　　　图 6-12 安全监测与报警流程图

6.3 基于智能化的物业管理数据库设计

6.3.1 数据库设计原则

在明确非生房产物业管理系统的业务需求和功能模块设计之后,需对系统的数据库进行设计。在对数据库设计的过程中,需把握以下几方面原则。

第一,在数据库设计过程中需做到层次分明,设计布局合理。

第二,数据库设计必须结构合理,保证数据设计的结构化、规范化与标准化。该原则是进行系统数据库设计的基础条件。另外,数据库设计需遵照国家与行业标准,同时应注重编码的应用。

第三,在设计的时候,需尽量减少数据冗余和数据库存储空间的占用,也包括数据存在一致性问题发生的可行性,从而提升系统的运行速度并降低系统开发带来的难度。

第四,在进行数据维护时,应注重数据的合理正确性。在系统应用时,由于存在多用户同时操作某一环节的情况,应注意数据的一致性。

第五,在数据库设计时,应注重数据库安全机制,对数据库操作、用户权限验证、数据库保密等需加强安全考虑。

6.3.2 数据库基本关系

在物业管理系统中,以区域、房屋、房间、用户、设备及周边设施这几个对象实体为例,可以得知区域和房屋之间、房屋和房间之间、房屋和用户之间以及区域和设备之间都是一对多的关系;用户与房间之间是一对一的关系;区域与周边设施之间是多对多的关系。根据系统的实体关系图,可以进一步建立系统的物理模型(图 6-13)。

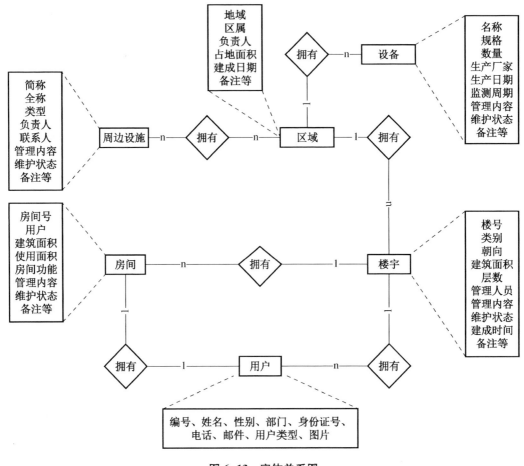

图 6-13 实体关系图

6.3.3 数据库结构设计

所处区域管理中的基本信息管理包括地域信息、区属关系、负责人、占地面积、建成日期、备注等。基本信息实体图如图 6-14 所示。

房产物业管理中的周边设施包括简称、全称、设施类型、负责人、联系人、管理内容、维护状态、备注等。周边设施实体图如图 6-15 所示。

房屋管理中的楼盘信息包括楼号、类别、朝向、建筑面积、层数、管理人员、管理内容、维护状态、建成时间、备注等。房屋管理实体图如图 6-16 所示。

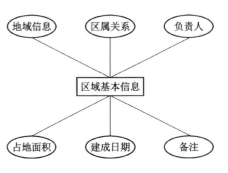

图 6-14 区域基本信息实体图

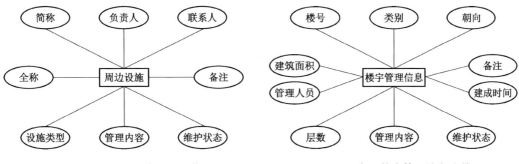

图 6-15 周边设施基本信息实体图　　　图 6-16 房屋基本管理信息实体图

房间物业管理中的楼盘信息包括房间号、用户、建筑面积、使用面积、房间功能、管理内容、维护状态、备注等。房间管理实体图如图 6-17 所示。

设备管理中设备项目管理包括设备编号、设备名称、数量、规格、生产厂家、生产日期、监测周期、管理内容、维修状态、备注等。设备项目管理实体图如图 6-18 所示。

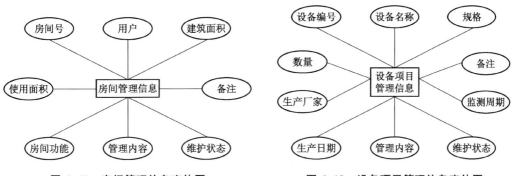

图 6-17 房间管理信息实体图　　　图 6-18 设备项目管理信息实体图

设备管理中设备维修管理包括设备编号、设备名称、维修日期、主要负责人、维修费用、材料费用、费用合计、维修单位、维修说明、备注等。维修管理实体图如图 6-19 所示。

物业管理中业主报修包括报修编号、楼宇房间编号、报修内容、报修日期、报修处理、备注等。报修实体图如图 6-20 所示。

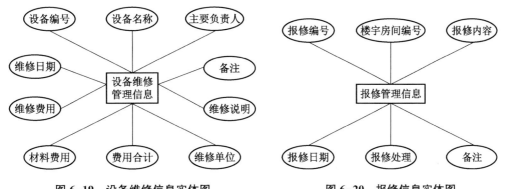

图 6-19 设备维修信息实体图　　　图 6-20 报修信息实体图

　　停车管理信息包括房屋编号、停车场名称、停车位编号、车牌号码、车型号、车主信息等。该停车管理信息实体图如图 6-21 所示。

　　用户管理中用户信息包括单元名称、姓名、固定电话、联系地址、手机、身份证号码、房产证号、工作单位、登录账号、登录密码等。该业主信息实体图如图 6-22 所示。

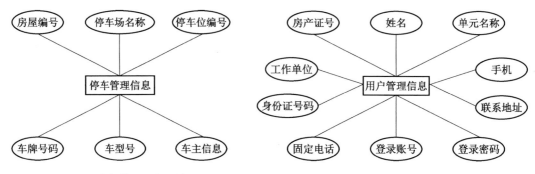

图 6-21　停车管理信息实体图　　　　　图 6-22　用户管理信息实体图

　　物业管理人员信息包括编号、姓名、性别、职务、工作安排、身份证号码、居住地址、联系电话、用户类型、备注等。物业管理人员实体图如图 6-23 所示。

　　通过上述各信息实体图，可以总结物业管理智能化数据体系结构如图 6-24 所示。

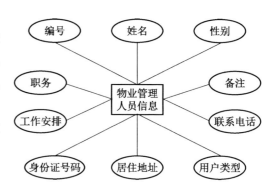

图 6-23　物业管理人员信息实体图

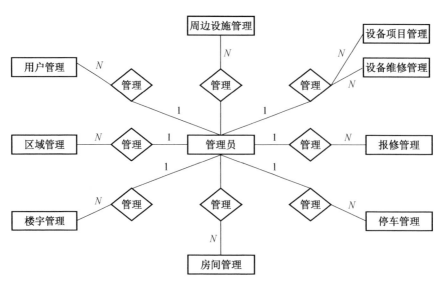

图 6-24　数据结构体系图

6.3.4 数据字典

数据字典依据数据图分成处理逻辑、数据流及数据存储三块分别定义,再对这些数据中所包含的全部不可再分的数据项进行定义,最终形成一个计算机可以在此基础上解释本系统的基础。

6.3.4.1 外部实体定义

外部实体名称	业主
编号	WB001
简述	现代化建筑运维的使用主体
从外部实体输入的数据流	安全信息,车辆信息,餐饮及会议服务信息,员工保障信息
输入给外部实体的数据流	收入信息

外部实体名称	人力资源部
编号	WB002
简述	物业公司总部的职能部门,在物业中心所属企业及物业管理中心的指导和监督下负责中心范围内的人力资源管理工作
从外部实体输入的数据流	无
输入给外部实体的数据流	对各物业服务人员的等级评定信息

外部实体名称	综合管理部
编号	WB003
简述	物业公司总部的职能部门,负责和辅助物业公司的全面日常工作
从外部实体输入的数据流	无
输入给外部实体的数据流	无

外部实体名称	财务资产部
编号	WB004
简述	物业公司总部的职能部门,负责各类资金管理、调度及汇总工作
从外部实体输入的数据流	无
输入给外部实体的数据流	总费用信息

外部实体名称	采购经营部
编号	WB005
简述	物业公司总部的职能部门,负责审定公司需求、进行采购等工作
从外部实体输入的数据流	无
输入给外部实体的数据流	无

外部实体名称	工程安质部
编号	WB006
简述	物业公司总部的职能部门，负责公司的工程管理、设备运维、安全质量监督、消防安保方面的工作
从外部实体输入的数据流	无
输入给外部实体的数据流	无

外部实体名称	餐饮服务部
编号	WB007
简述	物业公司总部的职能部门，负责管理餐饮、接待、会议等服务工作
从外部实体输入的数据流	无
输入给外部实体的数据流	无

外部实体名称	服务员
编号	WB008
简述	负责管理处的餐饮、接待、会议等服务工作
从外部实体输入的数据流	餐饮及会议服务信息
输入给外部实体的数据流	无

外部实体名称	保安员
编号	WB009
简述	负责管理处的安保和车辆管理等工作
从外部实体输入的数据流	安全信息、车辆信息、环境秩序信息
输入给外部实体的数据流	无

外部实体名称	保洁员
编号	WB010
简述	负责管理处的清洁卫生工作
从外部实体输入的数据流	环境秩序信息
输入给外部实体的数据流	无

外部实体名称	维修员
编号	WB011
简述	负责管理处的房屋、设备设施等的维护、修理、上报工作
从外部实体输入的数据流	房屋及设备信息
输入给外部实体的数据流	无

外部实体名称	工程师
编号	WB012
简述	负责工程项目的监督、管理等工作
从外部实体输入的数据流	无
输入给外部实体的数据流	无

外部实体名称	综合事务员
编号	WB013
简述	负责管理处的全面服务管理工作
从外部实体输入的数据流	员工保障信息、客户反馈信息
输入给外部实体的数据流	无

6.3.4.2　处理逻辑定义

名称	建立物业信息库
编号	CLA01
输入	物业信息
输出	安全信息、车辆信息、环境秩序信息、餐饮及会议服务信息、房屋及设备信息、员工保障信息
简述	汇总各种物业信息
处理	输入各种信息进行汇总

名称	提供物业服务
编号	CLA02
输入	安全信息、车辆信息、环境秩序信息、餐饮及会议服务信息、房屋及设备信息、员工保障信息
输出	各种物业服务
简述	主要业务
处理	输入各种信息并输出物业服务

名称	计算成本费用
编号	CLA03
输入	收入信息、成本支出信息
输出	总费用信息
简述	计算各项服务的成本费用
处理	利用费用信息进行计算

名称	反馈评价
编号	CLA04
输入	服务人员自评、反馈评价信息
输出	管理处星级评定
简述	根据各方反馈评定
处理	各方评价确定登记

名称	登记安全信息
编号	CL001
输入	安全信息（包括事故信息、应急管理信息等）
输出	安全信息表
简述	对安全事故信息进行登记和调查，并进行应急管理
处理	保安员输入事故信息和应急管理信息，形成安全信息表并进行存储

名称	登记房屋及设备管理信息
编号	CL002
输入	房屋及设备管理信息（包括建筑物检测维修保养信息、设备设施运转信息、水电气能耗信息）
输出	房屋及设备管理信息表
简述	将每处房屋和设备设施的信息进行登记
处理	维修员输入每处房屋和设备设施的信息形成房屋及设备管理信息表并进行存储

名称	登记车辆信息
编号	CL003
输入	管理处的车辆信息（包括车况信息、单车核算信息、车辆 GPS 覆盖信息、车辆 GPS 监控上线信息、车辆使用报废保险规范性信息、车辆基础信息）
输出	车辆信息表
简述	对管理处的车辆信息进行登记
处理	保安员输入车辆信息形成车辆信息表并进行存储

名称	登记餐饮及会议服务信息
编号	CL004
输入	餐饮及会议服务信息（包括食堂及餐饮服务信息、会议服务信息）
输出	餐饮及会议服务信息表
简述	对餐饮及会议服务信息进行登记存储
处理	服务员输入食堂及餐饮服务信息、会议服务信息形成餐饮及会议服务信息表并进行存储

名称	登记员工保障信息
编号	CL005
输入	员工保障信息（包括办公用房盘点情况、周转房及员工宿舍日常维护管理情况、员工入离职情况等信息）
输出	员工保障信息表
简述	对员工保障相关信息进行收集统计并登记存储
处理	综合事务员对员工保障相关的办公用房盘点情况、周转房及员工宿舍日常维护管理情况、员工入离职情况等信息进行登记形成员工保障信息表并进行存储

名称	登记环境秩序信息
编号	CL006
输入	环境秩序信息（包括出入情况、治安情况、办公秩序情况、环境卫生情况、绿化覆盖及完好情况等信息）
输出	环境秩序信息统计表
简述	对环境秩序信息相关信息进行收集统计并登记存储
处理	保安员对出入情况、治安情况、办公秩序情况等信息进行登记，保洁员对环境卫生情况和绿化覆盖及完好情况等信息进行登记，形成环境秩序信息表并进行存储

名称	服务人员自评
编号	CL007
输入	安全信息统计表、车辆信息表、餐饮及会议服务信息表、房屋及设备管理信息表、环境秩序信息表、员工保障信息表
输出	服务人员自评表
简述	服务人员根据安全信息统计表等进行自评
处理	服务人员对自己的服务态度、工作效率、专业水平方面进行自我综合评价，分为"好/高"和"一般"两个等级

名称	计算各项收入
编号	CL008
输入	安全信息统计表、车辆信息表、餐饮及会议服务信息表、房屋及设备管理信息表、环境秩序信息表、员工保障信息表
输出	收入报表
简述	计算管理处的收入
处理	财务资产部根据各项服务所得收入制定收入报表

名称	计算成本支出
编号	CL009
输入	安全信息统计表、车辆信息表、餐饮及会议服务信息表、房屋及设备管理信息表、环境秩序信息表、员工保障信息表
输出	成本分析报表
简述	计算管理处的成本支出
处理	财务资产部根据各项服务的成本支出制定成本分析报表

名称	汇总费用
编号	CL010
输入	收入报表、成本分析报表
输出	总费用统计表
简述	收入和支出的汇总
处理	财务资产部根据各项服务的收入和支出计算总费用

名称	登记业主反馈信息
编号	CL011
输入	业主反馈信息
输出	反馈评价登记表
简述	对业主的反馈信息进行登记
处理	① 综合事务员录入业主信息以及对于服务本身和服务处的反馈信息； ② 更新业主反馈信息

名称	汇总反馈信息
编号	CL012
输入	反馈信息登记表、服务人员自评表
输出	综合评价得分报表
简述	将业主反馈信息和服务人员自评信息进行汇总
处理	① 调入反馈评价登记表和人员自评表； ② 进行反馈信息统计

名称	计算综合评价得分
编号	CL013
输入	汇总反馈信息
输出	综合评价得分报表
简述	根据汇总的反馈信息,进行管理处的综合评价得分计算
处理	① 调入汇总反馈信息; ② 将数据信息进行分类加权计算; ③ 形成综合评价得分报表并传送到管理处星级评定逻辑处理

名称	确定服务人员等级
编号	CL014
输入	综合评价得分报表
输出	服务人员等级评定表
简述	对服务人员进行等级评定

处理：

① 调入综合评价得分报表,根据服务人员星级评定表得出服务人员初步星级,再根据决策树确定服务人员的星级;

②

评价内容															
服务态度	好	Y	Y	Y	Y	Y	Y	Y	Y	N	N	N	N	N	N
	一般	N	N	N	N	N	N	N	N	Y	Y	Y	Y	Y	Y
工作效率	高	Y	Y	Y	Y	N	N	N	N	N	N	Y	Y	N	N
	一般	N	N	N	N	Y	Y	Y	Y	Y	Y	N	N	Y	Y
专业水平	高	Y	Y	N	N	Y	Y	N	N	N	N	N	N	N	N
	一般	N	N	Y	Y	N	N	Y	Y	Y	Y	Y	Y	Y	Y
自我评价	好	Y	N	Y	N	Y	N	Y	N	N	N	N	N	Y	N
	一般	N	Y	N	Y	N	Y	N	Y	Y	Y	Y	Y	N	Y
初步星级	五星级	#													
	四星级		#	#					#						
	三星级				#	#					#	#			
	二星级						#	#					#		
	一星级											#	#	#	#

初步星级　　　　　影响因素　　　　策略

人员等级评定：
- 五星级 — 好评量−差评量>0 → 五星级
- 五星级 — 好评量−差评量<0 → 四星级
- 四星级 — 好评量−差评量>0 → 四星级
- 四星级 — 好评量−差评量<0 → 三星级
- 三星级 — 好评量−差评量>0 → 三星级
- 三星级 — 好评量−差评量<0 → 二星级
- 二星级 — 好评量−差评量>0 → 二星级
- 二星级 — 好评量−差评量<0 → 一星级
- 一星级 — 好评量−差评量>0 → 一星级
- 一星级 — 好评量−差评量<0 → 零星级

③ 将服务人员等级评价表发送到人力资源部

6.3.4.3　数据存储定义

名称	安全信息统计表
编号	S0001
简述	对安全事故信息进行登记和调查,并进行应急管理
流入的数据流	"登记安全信息表"处理逻辑
流出的数据流	"物业信息汇总"处理逻辑
数据存储的组成	事故信息+应急管理信息

名称	房屋及设备管理信息表
编号	S0002
简述	每处的房屋和设备设施信息
流入的数据流	"登记房屋及设备管理信息"处理逻辑
流出的数据流	"物业信息汇总"处理逻辑
数据存储的组成	建筑物检测维修保养信息+设备设施运转信息+水电气能耗信息

名称	车辆信息表
编号	S0003
简述	管理处的车辆信息
流入的数据流	"登记车辆信息"处理逻辑
流出的数据流	"物业信息汇总"处理逻辑
数据存储的组成	车况信息+单车核算信息+车辆 GPS 覆盖信息+车辆 GPS 监控上线信息+车辆使用报废保险规范性信息+车辆基础信息

名称	餐饮及会议服务信息表
编号	S0004
简述	对餐饮及会议服务信息的统计
流入的数据流	"登记餐饮及会议服务信息"处理逻辑
流出的数据流	"物业信息汇总"处理逻辑
数据存储的组成	食堂及餐饮服务信息+会议服务信息

名称	员工保障信息表
编号	S0005
简述	对员工保障相关信息进行收集统计
流入的数据流	"登记员工保障信息"处理逻辑
流出的数据流	"物业信息汇总"处理逻辑
数据存储的组成	办公用房盘点信息+周转房及员工宿舍日常维护管理情况信息+员工入离职情况信息

名称	环境秩序信息统计表
编号	S0006
简述	对环境秩序信息相关信息进行收集统计
流入的数据流	"登记环境秩序信息"处理逻辑
流出的数据流	"物业信息汇总"处理逻辑
数据存储的组成	出入情况信息＋治安情况信息＋办公秩序情况信息＋环境卫生情况信息＋绿化覆盖及完好情况信息

名称	物业管理信息库
编号	S0007
简述	将以上六个表的信息进行汇总形成信息库
流入的数据流	"物业信息汇总"处理逻辑
流出的数据流	无
数据存储的组成	安全信息统计表＋车辆信息表＋餐饮及会议服务信息表＋房屋及设备管理信息表＋环境秩序信息表＋员工保障信息表

名称	服务人员自评表
编号	S0008
简述	服务处人员信息和服务过程反馈信息
流入的数据流	"服务人员自评"处理逻辑
流出的数据流	"汇总反馈信息"处理逻辑
数据存储的组成	服务人员信息＋服务过程自我反馈信息＋管理处名称＋自评周期

名称	收入报表
编号	S0009
简述	计算管理处的收入
流入的数据流	"计算各项收入"处理逻辑
流出的数据流	"汇总费用"处理逻辑
数据存储的组成	安全管理收入＋车辆管理收入＋餐饮及会议服务收入＋房屋及设备管理收入＋环境秩序管理收入＋员工保障管理收入

名称	成本分析报表
编号	S0010
简述	计算管理处的成本支出
流入的数据流	"计算成本支出"处理逻辑
流出的数据流	"汇总费用"处理逻辑
数据存储的组成	安全管理支出＋车辆管理支出＋餐饮及会议服务支出＋房屋及设备管理支出＋环境秩序管理支出＋员工保障管理支出

名称	总费用统计表
编号	S0011
简述	收入和支出的汇总
流入的数据流	"汇总费用"处理逻辑
流出的数据流	"存档"处理逻辑
数据存储的组成	收入报表＋成本分析报表

名称	反馈评价登记表
编号	S0012
简述	客户对服务做出的反馈评价
流入的数据流	"登记客户反馈信息"处理逻辑
流出的数据流	"汇总反馈信息"处理逻辑
数据存储的组成	客户反馈基本信息＋人力资源部服务态度客户评价＋人力资源部工作效率客户评价＋人力资源部专业水平客户评价

名称	综合评价得分报表
编号	S0013
简述	人力资源部各个方面的综合评价得分报表
流入的数据流	"计算综合评价得分"处理逻辑
流出的数据流	"确定人力资源部等级"处理逻辑
数据存储的组成	人力资源部名称＋人力资源部服务态度客户评价＋人力资源部工作效率客户评价＋人力资源部专业水平客户评价＋服务人员基本信息＋服务人员自评信息

6.3.4.4　数据流定义

名称	安全信息
编号	L0001
简述	安全事故和应急管理的基本信息
数据流来源	"保安员"外部实体
数据流去向	"登记安全信息表"处理逻辑
数据流组成	事故信息＋应急管理信息
流通量	100/天

名称	房屋及设备管理信息
编号	L0002
简述	管理处的房屋和设备设施的基本信息
数据流来源	"维修员"外部实体
数据流去向	"登记房屋及设备管理信息"处理逻辑
数据流组成	建筑物检测维修保养信息＋设备设施运转信息＋水电气能耗信息
流通量	100/天

名称	车辆信息
编号	L0003
简述	管理处的车辆的基本信息
数据流来源	"保安员"外部实体
数据流去向	"登记车辆信息"处理逻辑
数据流组成	车况信息＋单车核算信息＋车辆 GPS 覆盖信息＋车辆 GPS 监控上线信息＋车辆使用报废保险规范性信息＋车辆基础信息
流通量	100/天

名称	餐饮及会议服务信息
编号	L0004
简述	餐饮及会议服务的基本信息
数据流来源	"服务员"外部实体
数据流去向	"登记餐饮及会议服务信息"处理逻辑
数据流组成	食堂及餐饮服务信息＋会议服务信息
流通量	500/天

名称	员工保障信息
编号	L0005
简述	员工保障的基本信息
数据流来源	"综合事务员"外部实体
数据流去向	"登记员工保障信息"处理逻辑
数据流组成	办公用房盘点信息＋周转房及员工宿舍日常维护管理情况信息＋员工入离职情况信息
流通量	100/天

名称	环境秩序信息
编号	L0006
简述	环境秩序的基本信息
数据流来源	"保安员"外部实体
数据流去向	"分配车位"处理逻辑
数据流组成	出入情况信息＋治安情况信息＋办公秩序情况信息＋环境卫生情况信息＋绿化覆盖及完好情况信息
流通量	100/天

名称	服务人员自评信息
编号	L0007
简述	服务人员对于服务质量的自我评价反馈信息
数据流来源	"人力资源部"外部实体
数据流去向	"服务人员自评"处理逻辑
数据流组成	服务人员姓名＋服务人员职位＋服务过程自我反馈信息
流通量	100/天

名称	业主反馈评价信息
编号	L0008
简述	业主对服务人员服务质量的评价信息，基于其服务态度、工作效率等方面进行打分
数据流来源	"人力资源部"外部实体
数据流去向	"业主反馈评价信息"处理逻辑
数据流组成	业主对服务人员的反馈信息＋业主信息＋服务人员姓名
流通量	200/天

名称	人员等级评定
编号	L0009
简述	根据综合评价报表得分评定人员等级
数据流来源	"人力资源部"外部实体
数据流去向	"确定人员等级"处理逻辑
数据流组成	服务人员姓名＋服务反馈评比周期＋业主好评量＋业主差评量＋服务人员等级
流通量	200/天

名称	收入信息
编号	L0010
简述	管理处的收入信息
数据流来源	"财务资产部"外部实体
数据流去向	"计算各项收入"处理逻辑
数据流组成	安全管理收入＋车辆管理收入＋餐饮及会议服务收入＋房屋及设备管理收入＋环境秩序管理收入＋员工保障管理收入
流通量	200/天

名称	成本信息
编号	L0011
简述	管理处的成本支出
数据流来源	"财务资产部"外部实体
数据流去向	"计算成本支出"处理逻辑
数据流组成	安全管理支出＋车辆管理支出＋餐饮及会议服务支出＋房屋及设备管理支出＋环境秩序管理支出＋员工保障管理支出
流通量	200/天

名称	总费用信息
编号	L0012
简述	各项服务的收入、成本支出汇总之后的总费用信息
数据流来源	"财务资产部"外部实体
数据流去向	"汇总费用"处理逻辑
数据流组成	收入信息＋成本信息
流通量	200/天

6.3.4.5 数据结构定义

名称	区域基本信息
编号	J0001
简述	区域管理中的基本信息
组成	地域信息＋区属关系＋负责人＋占地面积＋建成日期＋备注

名称	周边设施基本信息
编号	J0002
简述	房产物业管理中的周边设施信息
组成	全称＋简称＋负责人＋联系人＋备注＋设施类型＋管理内容＋维护状态

名称	房屋基本管理信息
编号	J0003
简述	房屋管理中的楼盘信息
组成	楼号＋类别＋朝向＋备注＋建成时间＋维护状态＋管理内容＋层数＋管理人员＋建筑面积

名称	房间管理信息
编号	J0004
简述	房间物业管理中的楼盘信息
组成	房间号＋用户＋建筑面积＋备注＋维护状态＋管理内容＋房间功能＋使用面积

名称	设备项目管理信息
编号	J0005
简述	设备管理中设备项目信息
组成	设备编号＋设备名称＋数量＋规格＋生产厂家＋生产日期＋监测周期＋管理内容＋维修状态＋备注

名称	设备维修信息
编号	J0006
简述	设备管理中的设备维修信息
组成	设备编号＋设备名称＋维修日期＋主要负责人＋维修费用＋材料费用＋费用合计＋维修单位＋维修说明＋备注

名称	报修信息
编号	J0007
简述	物业管理中的业主报修信息
组成	报修编号＋楼宇房间编号＋报修内容＋报修日期＋报修处理＋备注

名称	停车管理信息
编号	J0008
简述	停车的信息
组成	房屋编号＋停车场名称＋停车位编号＋车牌号码＋车型号＋车主信息

名称	用户管理信息
编号	J0009
简述	用户管理中的用户信息
组成	单元名称＋姓名＋固定电话＋联系地址＋手机＋身份证号码＋房产证号＋工作单位＋登录账号＋登录密码

名称	物业管理人员信息
编号	J0010
简述	物业管理人员的基本信息
组成	编号＋姓名＋性别＋职务＋工作安排＋身份证号码＋居住地址＋联系电话＋用户类型＋备注

6.3.4.6 数据项定义

序号	数据项	编号	简述	数据类型	长度（单位：字符）	小数位	取值含义
1	区域名称	QY001	区域的名称	字符型	10		用汉字表示区域的名称
2	区属关系	QY002	区域的区属关系	字符型	10		用汉字表示区域的区属关系
3	区域负责人	QY003	管辖该区域的负责人的姓名	字符型	10		用汉字表示区域负责人的姓名
4	占地面积	QY004	该区域的占地面积	数值型	10		用数字表示区域的占地面积,如 10 表示 10 平方米
5	区域建成日期	QY005	该区域建成的日期	数值型	8		用数字表示区域建成的日期,如"20160514"表示"2016 年 5 月 14 日"
6	区域信息备注	QY006	区域管理相关信息的备注	字符型	30		用汉字表示区域管理相关信息的备注
7	设施全称	SS001	设施的全称	字符型	20		用汉字表示设施的全称
8	设施简称	SS002	设施的简称	字符型	10		用汉字表示设施的简称

续表

序号	数据项	编号	简述	数据类型	长度（单位：字符）	小数位	取值含义
9	设施负责人	SS003	管理该设施的负责人的姓名	字符型	10		用汉字表示设施负责人的姓名
10	设施联系人	SS004	该设备出现问题时联系人的姓名	字符型	10		用汉字表示设施联系人的姓名
11	设施类型	SS005	设施的类型	字符型	10		用汉字表示设施的类型
12	设施管理内容	SS006	设施管理的内容	字符型	30		用汉字表示设施管理的内容
13	设施维护状态	SS007	设施的维护状态	字符型	30		用汉字表示设施的维护状态
14	设施信息备注	SS008	设施管理相关信息的备注	字符型	30		用汉字表示设施管理相关信息的备注
15	楼号	LY001	楼房的编号	字符型	5		用汉字表示房屋的编号，如"B楼""1号楼"
16	房屋类别	LY002	房屋的类别	字符型	10		用汉字表示房屋的类别
17	朝向	LY003	房屋的朝向	字符型	8		用汉字表示房屋的朝向，如"坐北朝南"
18	房屋建成日期	LY004	该房屋建成的日期	数值型	8		用数字表示房屋建成的日期，如"20160514"表示"2016年5月14日"
19	房屋维护状态	LY005	房屋的维护状态	字符型	30		用汉字表示房屋的维护状态
20	房屋管理内容	LY006	房屋的管理内容	字符型	30		用汉字表示房屋的管理内容
21	层数	LY007	楼房的层数	数值型	2		用数字表示楼房的层数，如20表示20层
22	房屋管理人员	LY008	管理该房屋的主要负责人的姓名	字符型	10		用汉字表示房屋管理人员的姓名
23	房屋建筑面积	LY009	该房屋的建筑面积	数值型	10		用数字表示房屋的建筑面积，如10表示10平方米
24	房屋信息备注	LY010	房屋管理相关信息的备注	字符型	30		用汉字表示房屋管理相关信息的备注
25	房间号	FJ001	房间的编号	数值型	6		用数字表示房间号，如"1601"
26	用户	FJ002	该房间的用户的姓名	字符型	10		用汉字表示房间用户的姓名

序号	数据项	编号	简述	数据类型	长度（单位：字符）	小数位	取值含义
27	房间建筑面积	FJ003	该房间的建筑面积	数值型	10		用数字表示房间的建筑面积，如 10 表示 10 平方米
28	房间维护状态	FJ004	房间的维护状态	字符型	30		用汉字表示房间的维护状态
29	房间管理内容	FJ005	房间管理的内容	字符型	30		用汉字表示房间管理的内容
30	房间功能	FJ006	房间的功能	字符型	20		用汉字表示房间的功能
31	使用面积	FJ007	该房间的使用面积	数值型	10		用数字表示房间的使用面积，如 10 表示 10 平方米
32	房间信息备注	FJ008	房间管理相关信息的备注	字符型	30		用汉字表示房间管理相关信息的备注
33	设备编号	SB001	设备的编号	字符型	10		用汉字表示设备的编号
34	设备名称	SB002	设备的名称	字符型	10		用汉字表示设备的名称
35	维修日期	SB003	设备维修的日期	数值型	8		用数字表示设备维修的日期，如"20160514"表示"2016 年 5 月 14 日"
36	设备主要负责人	SB004	管理该设备的主要负责人的姓名	字符型	10		用汉字表示设备主要负责人的姓名
37	维修费用	SB005	维修的费用	数值型	8	2	用数字表示维修费用的多少，单位为元
38	材料费用	SB006	维修使用的材料的费用	数值型	8	2	用数字表示材料费用的多少，单位为元
39	费用合计	SB007	维修费用和材料费用的合计	数值型	8	2	用数字表示维修总费用合计为多少，单位为元
40	维修单位	SB008	维修的单位的名称	字符型	20		用汉字表示维修单位的名称
41	维修说明	SB009	维修的相关说明	字符型	20		用汉字表示维修的相关说明
42	设备维修信息备注	SB010	设备维修管理相关信息的备注	字符型	30		用汉字表示设备维修管理相关信息的备注

续表

序号	数据项	编号	简述	数据类型	长度（单位：字符）	小数位	取值含义
43	报修编号	BX001	报修事件的编号	数值型	8		用数字表示报修事件的编号，如"0058"
44	报修房间号	BX002	报修的房间号	数值型	6		用数字表示报修的房间号，如"1601"
45	报修内容	BX003	报修内容	字符型	20		用汉字表示报修的内容
46	报修日期	BX004	报修的日期	数值型	8		用数字表示报修的日期，如"20160514"表示"2016 年 5 月 14 日"
47	报修处理	BX005	报修事件的处理方式及内容	字符型	20		用汉字表示报修的处理方式及内容
48	房屋编号	TC001	停车场所在房屋的编号	数值型	5		用汉字表示停车场所在房屋的编号，如"B楼""1 号楼"
49	停车场名称	TC002	停车场的名称	字符型	10		用汉字表示停车场的名称，如"B 楼停车场"
50	停车位编号	TC003	停车场的编号	数值型	5		用数字表示停车场的编号
51	车牌号码	TC004	车辆的车牌号码	字符型	8		用汉字表示车牌号码，如"苏AE1234"
52	车型号	TC005	车辆的型号	字符型	10		用汉字表示车辆的型号
53	车主信息	TC006	该车辆车主的姓名	字符型	10		用汉字表示车主的姓名
54	用户房间号	YH001	用户的房间号	数值型	6		用数字表示用户的房间号，如"1601"
55	姓名	YH002	用户的姓名	字符型	10		用汉字表示用户的姓名
56	性别	YH003	用户的性别	字符型	1		用汉字"男"或"女"表示用户性别
57	职务	YH004	用户的职务	字符型	10		用汉字表示用户的职务，如"财务资产处处长"
58	工作安排	YH005	用户的工作安排	字符型	10		用汉字表示用户的工作安排，如"计算物业收支"
59	身份证号码	YH006	用户的身份证号码	数值型	18		用数字表示用户的身份证号码
60	居住地址	YH007	用户的居住地址	字符型	20		用汉字表示用户的居住地址
61	联系电话	YH008	用户的手机号码	数值型	11		用数字表示用户的手机号码

序号	数据项	编号	简述	数据类型	长度（单位：字符）	小数位	取值含义
62	用户类型	YH009	用户的类型	字符型	6		用汉字"内部工作人员"或"外网指派用户"表示用户的类型
63	物管人员姓名	FW001	物管人员的姓名	字符型	10		用汉字表示物管人员姓名
64	物管人员身份证号码	FW002	物管人员的身份证号码	数值型	18		用数字表示物管人员的身份证号码
65	物管人员联系电话	FW003	物管人员的手机号码	数值型	11		用数字表示物管人员的手机号码
66	物管人员居住地址	FW004	物管人员的居住地址	字符型	20		用汉字表示物管人员的居住地址
67	物管人员编号	FW005	物管人员的编号	数值型	10		用数字表示物管人员的编号
68	物管人员性别	FW006	物管人员的性别	字符型	1		用汉字"男"或"女"表示物管人员性别
69	物管人员职务	FW007	物管人员的职务	字符型	5		用汉字表示物管人员的职务,如"保洁员""保安员""维修员"等
70	物管人员工作安排	FW008	物管人员的具体工作安排	字符型	10		用汉字表示物管人员的工作安排,如"安全管理""车辆管理""餐饮及会议服务管理"
71	服务结果	FW009	服务后的结果	字符型	5		用汉字表示服务的结果,如"完成""未完成"
72	自我评价	FW010	服务人员的自我服务整体评价	字符型	2		用汉字表示服务人员对本次服务的整体评价,如"好""一般"
73	服务难度	FW011	服务人员对服务的难度评价	字符型	5		用汉字表示服务人员对本次服务的难度评价,如"难""较难""始终""较易""易"
74	服务时间	FW012	服务的时间	数值型	12		用数字表示提供服务的时间,如"201605140000"表示"2016 年 5 月 14 日 00 点 00 分"
75	服务对象	FW013	服务的对象	字符型	20		用汉字表示服务的对象,如"B 楼1208 室"等
76	评价周期开始时间	ZP001	自评周期开始的时间	数值型	12		用数字表示自评周期开始的时间,如"201605140000"表示"2016 年 5 月 14 日 00 点 00 分"

序号	数据项	编号	简述	数据类型	长度（单位：字符）	小数位	取值含义
77	评价周期结束时间	ZP002	自评周期结束的时间	数值型	12		用数字表示自评周期结束的时间，如"201605140000"表示"2016年5月14日00点00分"
78	业主好评量	PJ001	业主在填写反馈评价信息表中好评的数量	字符型	10		用数字表示反馈评价中好评的数量
79	业主差评量	PJ002	业主在填写反馈评价信息表中差评的数量	字符型	10		用数字表示反馈评价中差评的数量
80	服务人员评级	PJ003	对服务部的服务人员的评级	字符型	5		用汉字表示服务人员的等级，如"五级"
81	服务态度	PJ004	业主对服务部的整体人员的服务态度评价	字符型	5		用汉字表示服务人员对本次服务的整体评价，如"好""一般"
82	工作效率	PJ005	业主对服务部的整体人员的工作效率评价	字符型	5		用汉字表示服务人员对本次服务效率的评价，如"好""一般"
83	专业水平	PJ006	业主对服务部的整体人员的专业水平评价	字符型	5		用汉字表示服务人员对本次专业水平的评价，如"好""一般"

第**7**章

利益相关者视角下空间管理系统设计

　　建筑设施中存在空间闲置、运行成本失控、空间功能失效与环境失效等问题，一线管理人员尚未认识到空间运营的重要性。通过文献综述与网络调查发现：当前相关空间管理与设施管理研究多局限于空间利用率、空间占用成本或空间环境等单一方面的研究，其优化策略无法实现现实问题的集成解决；对空间功能研究仅限于设计阶段，运营过程中的空间功能评估与优化较为缺乏；综合利益相关者（不仅仅是用户）需求的空间优化研究较少。

　　因而，本章突破传统的空间管理内容，以利益相关者需求的视角，将系统的空间管理理论与方法应用于建筑设施中，以期集成解决当前建筑设施的空间问题，在推动核心业务发展的基础上实现空间高效运营。

7.1　空间管理定义

　　当前学术界对空间管理的定义或内涵尚未统一，基于文献研究，再次梳理了针对不同设施类型的研究中对空间管理的定义或内涵解释，内容见表 7-1。

表 7-1　不同设施类型中空间管理的定义

设施类型	研究人员	空间管理(SM)的定义
医疗设施	(Sliteen 等)[122]	Space utilization relates to operation and maintenance costs in healthcare facilities
	(Moatari-Kazerouni 等)[123]	Optimizing space layout for means increasing the efficiency of hospitals and improving occupational health and safety
办公设施	(ARCHIBUS)[124]	SM is to manage space effectively to reduce the cost of wasted space and optimize use of space
	(Best 等)[125]	SM means delivering space service and managing the completed space plan
	(B. D. Ilozor and Ilozor)[126]	SM is the practice of coordinating space with the people and organization
	(Blakstad and Torsvoll)[127]	SM is using space to support the core businesses and their performance, and using spatial resource efficiently

续表 7-1

设施类型	研究人员	空间管理(SM)的定义
办公设施	(Jervis and Mawson)[128]	SM is the management of space to design economical and effective workplace experiences and then to support business objectives and workers' productivity
住宅	(Hui)[129]	Building management works are initiated to satisfy tenant requirements, optimize space utilization, and improve security, health and safety

上述空间管理定义列表中已经明确空间管理的实施目标为:实现空间利用的高效率(efficiency)与高效力(effectiveness),支持组织核心业务实现。再者,空间管理作为 FM 的一个核心内容,应秉承其集成"用户、业务流程、空间"的特质。对此,本书将空间管理定义为:集成设施空间、用户、业务流程与科技,以确保内部空间使用与管理达到高效率、高效力并支持组织核心业务开展的综合性学科。学科范围包括企业管理、建筑设计、行为管理、工程科学等。

空间管理的目的是降低空间的运行成本,并优化空间的利用[130],为企业组织达到既定的商业目标提供保障[131]。

7.2 利益相关者视角下建筑设施空间管理体系构建

空间管理作为 FM 的重要分支,显然其结果绩效的形成和传递原理与 FM 价值图保持一致。空间管理绩效形成与传递路径为"资源输入—空间管理 PDCA 体系运转—服务(产品)产出—绩效—利益相关者—达成战略目标"。其中,空间管理体系的运转是最关键的环节,是资源输入转变为绩效输出的必经之路,通俗来讲即回答"建筑设施的空间管理应如何开展"这一核心问题,这也是本章的最终研究目标。图 7-1 初步呈现了建筑设施空间管理体系由"空间管理目标设定—空间管理内容实施—空间管理绩效评价—空间管理绩效优化"这四个环节构成并持续循环运转。

建筑设施的空间管理体系是一个庞大的系统工程,借鉴 PDCA 循环,从流程来看可分为四个步骤:P—设定空间管理目标;D—具体执行空间管理工作;C—空间管理绩效评价;D—空间管理绩效优化。四个步骤有序、逐一推进,一个空间管理周期结束,下一个周期开始,如此循环反复,建立一个完整的闭环管理系统,实现空间管理绩效持续改进。

本章设计的建筑设施空间管理体系与运转流程,是以提升空间管理绩效为目标,而空间管理绩效即代表了各个利益相关者的空间诉求(期许通过空间管理而获得的利益),因此,利益相关者视角贯穿于整个管理运转流程中。

在日常生活中,人们的多数行为与活动都是有目的、有意识、有计划的,如读书要达到什么程度、工作要有自己的职业规划等,这都是有意识、有计划的行为,可以说,人们是在目标的引导下组织自己的生活[132]。在现代企业管理中,"目标"也是管理的切入口,若没

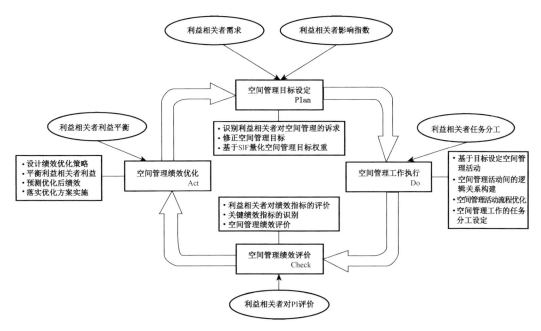

图 7-1   空间管理体系与运转流程

有目标,则管理无从可谈。而要准确设定目标,首先要厘清目标的形成机理。本章在梳理目标设定理论的基础上,以空间管理、设施管理、企业管理三者之间的关系为突破口,提出建筑设施空间管理目标识别的概念模型。

7.2.1   空间管理、FM 与企业管理三者关系研究

空间是 FM 所有工作的载体,空间管理是 FM 的关键内容之一[133],FM 与空间管理的研究与实践必须置于企业管理的语境中,其最终价值是支持组织核心业务的实现[134]。IFMA 在《战略设施规划》(*Strategic Facility Planning*)白皮书中指出企业战略管理规划是制定战略设施规划的重要依据,企业战略管理规划与战略设施规划共同指导 FM/空间管理的开展[135]。瑞典学者 Lundgren 与 BjorkL 利用 IDEF0 建模方法,已将企业战略管理目标(核心业务计划)与 FM/空间管理的内在关系表征清楚[136],见图 7-2。若脱离了企业管理,FM/空间管理可能会被理解成建筑设计、室内装修、行政内勤等相对独立的工作[50]。建筑设计、室内装修、行政内勤等业务有其本身的专业价值,而 FM/空间管理是建立在这些业务之上的被置于"企业管理"理念的整合专业,这一整合实现的增值效果远远超过单一专业产生的价值。因此,设施战略规划应紧密围绕企业的战略管理规划而设定;空间管理目标也应响应设施战略规划与企业的战略管理规划,即支持组织核心业务的高效实现[137]。值得注意的是,空间管理是 FM 的关键内容,设施战略规划中与空间有关的规划和目标可直接转化为空间管理的目标。因此,本书省略了战略设施规划的研究,直接分析建筑战略管理规划的内容,以提取空间管理需支持的组织核心业务目标。

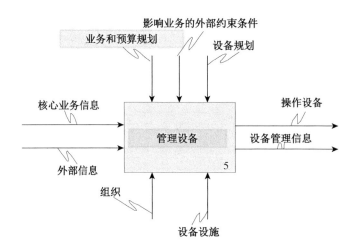

图 7-2　企业战略管理规划(业务计划)与 FM 的内在关系图

7.2.2　理论性空间管理目标分析

　　在战略层面,空间管理目标应支持组织的核心业务目标,这同时证明了空间管理的增值效益,称为目标识别的第一原则(Principle 1)。核心业务目标为扩大核心业务市场规模,提高业主的满意度,维持一定的盈利能力。在执行层面,目标设定理论认为空间管理目标应促进空间管理绩效的提升[137],称为空间管理目标识别的第二原则(Principle 2),这里的空间管理绩效主要是指结果,包括可以实现的空间利用的高效率(efficiency)与高效力(effectiveness)[138]。Andersson 等指出,在建筑运维管理中,空间利用效率与空间资源使用效率相关,空间利用效力与空间功能相关[139]。此外,已有研究表明目标代表了利益相关者的期望与诉求[140]。因此,本书以"识别利益相关者对空间管理的需求"为识别空间管理目标的关键路径。

　　基于系统的文献分析与目标识别原则识别出九个理论性空间管理目标,重点阐述了这些目标的内涵以及带来的价值或绩效。

　　SMG1:为用户提供舒适、安全、健康的空间环境(providing comfortable, safe, and healthy physical environment for users)。这一目标是出现频次最高的目标,既有研究表明,好的空间环境对老年人的生活质量、老年人的居住满意度以及工作人员的工作效率都会产生积极影响[141-143]。

　　SMG2:合理控制空间的占用成本(appropriately controlling space occupancy cost)。财务绩效考核中,建筑成本(building cost)被认为是成功的关键因素之一,这表明 SMG2对于企业的核心目标之一——维持盈利能力具有重要作用。相应的空间占用成本控制策略如内部计费法已被广泛地应用到教育设施、商业设施中[144-145]。

　　SMG3:优化空间的功能性(optimizing space functionality)。空间功能性代表了当前的空间功能满足用户需求的能力[146],这一目标在空间规划阶段就需考虑,目的是满足最终用户的空间功能需求与支持组织的核心业务开展[147]。

SMG4：增强空间的灵活性（increasing space flexibility）。空间灵活性要求建筑设施能够快速响应空间改造、空间功能转换、多功能使用等[148]。空间灵活性可以通过降低改造成本、提高空间利用率等实现盈利能力的提升[149-150]。

SMG5：提高空间可达性（improving space accessibility）。空间可达性是关于用户与环境交互的一个指标，主要衡量指标包括无障碍设施设计等[151-152]。

SMG6：及时响应用户的空间需求（efficient responsiveness to users' space requirements）。这一目标是影响最终用户满意度的关键因素[153]。这一目标的作用是激励 FM 部门快速解决空间相关问题，同时该目标也可作为评估 FM 部门工作效率的考核指标。

SMG7：实现空间管理的信息化（realizing the informationization of space management）。信息技术与软件平台已被广泛应用于空间规划与库存管理中。例如：集成工作空间管理系统（IWMS）与建筑信息模型（BIM）的整合应用可以高效率地提升空间管理工作[154]。这也表明信息化技术的应用是未来建筑运维管理的趋势，这一应用能够优化空间资源的使用且降低管理成本[155]。

SMG8：优化空间的利用率（optimizing space utilization rate）。空间利用率是最为常用的用于评估空间使用效率的指标[137,156]。过低的空间使用率会造成空间浪费，单位空间占用成本必然升高；而过高的空间利用率会带来空间拥挤、用户抱怨等问题[157]。这表明最优的空间利用率应维持在一定范围内，用户的满意度与空间占用成本是优化空间利用率的约束条件。

SMG9：以空间管理支持组织文化发展（strengthening the organizational culture）。空间是展现组织文化与价值的媒介，通过空间将用户连接以实现交流，能够加强组织的文化发展[158]。组织文化对吸引员工与客户至关重要，故而 SMG9 能够提高空间使用的效力，支持核心业务目标，可以称为空间管理目标。

7.3　基于精益价值的建筑设施的空间管理流程

在任何组织中，所有被创造的价值都是经由一系列的活动和任务，在适当的时间、按照适当的顺序逐步完成的，也就是经过一个价值流，最终才得到期许的绩效或结果，对空间管理而言亦是如此。空间管理活动或具体工作的执行是建筑空间管理体系运转流程的第二个步骤，本书将其简称为空间管理流程。本书将精益价值管理理论应用于空间管理，一方面从满足利益相关者需求视角创造空间管理的价值，另一方面从流程分析视角来消除各种浪费，使得空间管理的价值流顺畅高效地流动。这里的价值流即空间管理流程的外在体现，应用精益价值管理理论是本研究进行空间管理流程设计与优化的核心思想。

7.3.1　精益价值管理在空间管理流程中的应用

精益思想的独特视角是从多元利益相关者视角考虑创造价值机制，包括价值识别、价值陈述和价值传递三个过程[159]。价值识别主要包括识别所有的利益相关者以及他们的价值需求;价值陈述的关键是在各个利益相关者需求中求得平衡,并将价值需求进行重要度排序;价值传递即通过价值流中的活动将价值传递给利益相关者及产品或服务的最终使用者[160]。其中,价值流是指为一个产品或服务提供的一切活动按次序的组合,包括增加价值和不增加价值的活动;一个完整的价值流描述包括物料流和信息流,两者相互依赖、相互驱动。

传统的精益生产方式产生于汽车工业,丰田汽车的生产方式于 1990 年被正式定名为精益生产[161],随后这一生产方式被应用于美国的航空航天工业生产中[162]。这种传统的精益生产方式强调消除浪费,强调制造过程的精益。随着精益与价值的结合以及价值定义的发展,精益价值管理思想诞生,它跨越了对传统精益的理解,而扩展到整个项目或企业的全生命周期价值,强调为每个利益相关者创造价值、消除浪费。现在,精益价值管理理论已广泛应用于工程维修、复杂项目管理、医疗流程管理、物流、零售供应链、教育培训等领域[162],其核心思想就是"以创造价值为目标降低浪费",通过"做正确的事"(增值活动)和"正确地做事"(活动次序)来实现利益相关者的价值[163]。

空间管理是一种 FM 服务,可以为利益相关者(核心业务)带来增值,而什么样的活动或流程能够支持这一服务的完成呢?如何高效率、高效力地实现空间管理价值的传递呢?这就要求应用精益价值管理理论于空间管理的流程设计中,形成空间管理价值流的产生机制,最终为利益相关者创造价值,体现了 FM 与空间管理的根本原则与最终目标。本节研究的重点为空间管理流程的设计,将空间管理活动以及产生的物料流和信息流以合理的次序组合用流程形式而展现,消除浪费以实现空间管理价值流的高效力、高效率传递。

根据价值传递的思想,本书中建筑设施的空间管理流程设计即将一系列空间管理活动集合且消除浪费,以实现空间管理价值流的顺畅流动进而传递给利益相关者。目前,国际上对流程的研究主要以静态过程描述和部分流程仿真为主,重点研究企业业务流程(Enterprise Business Process),如医院的业务流程、工作流建模、研发业务流程、生产业务流程等[162,164,165,166]。其中,大多数研究嵌入了精益价值管理或价值链的思想,以创造价值或减少浪费为设计流程的基本原则。

7.3.2 空间管理流程的定义、要素与设计框架

本书设计的空间管理流程是"流程管理",最多的是空间管理活动之间信息的传递或转移,其目的是高效率、标准化地实现空间管理的价值。具体而言,针对空间管理而实施流程管理,能够让 FM 管理人员与一般员工对空间管理各项事务工作分别由谁做、怎么做以及如何做好的标准清楚明了。一言以蔽之,流程管理就是消除人浮于事、扯皮推诿、职责不清、执行不力的痼疾,从而达到空间管理工作运行有序、效率提高的目的[167]。

对于流程的构建要素,比较典型的说法是"流程四要素",包括"管理活动、管理活动的

逻辑关系、管理活动的实现方式和管理活动的承担者"。此外,空间管理流程高效运行必须具备三个基本前提:一是组织结构设置合理,二是空间管理工作岗位职责明确,三是空间层级结构设计(图7-3)。

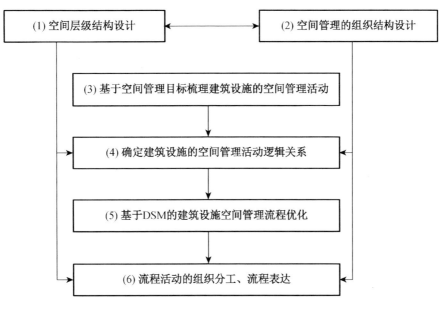

图 7-3　空间管理流程设计框架

7.3.3　建筑设施空间管理流程的构成要素分析

7.3.3.1　空间层级结构分析

空间本身是一个系统化的要素,空间层级结构(Space Hierarchy)非常重要,可谓空间管理的"穿针之线"[50]。按照规模尺度,空间位置的层级结构分为两大领域:定位于城市尺度的GIS空间和定位于建筑内部尺度的空间层级结构。本章仅分析建筑内部的空间层级结构。空间管理业界一般将建筑物内的空间层级结构定义为"建筑设施—楼层—房间"三个层级,这一空间层级结构的标准化有利于空间的准确定位,以便为后续的空间分配、空间库存管理等提供准确的数据。其中楼层在本层级无须考虑唯一性,因为每个建筑设施层级下都有若干楼层,其识别过程通常是置于一个建筑设施中,其唯一性已经被限定在这个范围中了。特别指出的是当建筑物有较为复杂的楼层设置时需特别谨慎,如存在错层、夹层、悬挑空间时,楼层的定义既要与用户的使用习惯保持一致,又要确保楼层编码的唯一性,以提高空间库存管理的效率;房间的定义类似于楼层,在楼层内保持唯一性。在建筑设施中,房间一般以功能名称、门牌号来命名,以此形成唯一编码即可。这里的房间是抽样的空间定义,如建筑设施的公共活动空间(大厅)一般意义上不称为房间,但在本节楼层之下所有的空间都抽象为房间,如走廊、大厅等。

7.3.3.2　空间管理的组织结构设计

空间管理流程的设计与空间管理的组织结构(Team Organization)息息相关,不同的管理层级负责不同的管理活动,即业务流、信息流与执行主体均是空间管理流程的设计要素。参照 IFMA 的《战略设施规划》白皮书[136]以及陈光编著的《现代企业空间管理》[50],将从事空间管理活动的组织抽象为三个层级:企业级、部门级、个人级。从空间管理活动或业务来看,企业级的职责会覆盖包括空间管理、设施运维管理、行政管理、不动产租赁业务在内的庞杂事务,这一层级同时关注空间管理带来的增值效益;部门级通常为 FM 经理或者不动产经理,其职责通常是分解企业级战略,将企业级需求转化为个人级的作业,主要负责空间功能策划、空间设计规划、空间预测以及标杆管理、空间变动管理等基本工作,并将空间管理价值向企业级报告;个人级的工作是部门级工作的分解,主要包括空间设计策略分析、空间信息收集与管理、日常 HSE 工作、空间数据分析与审计等。

因此,构建包含 FM/空间管理业务高度整合的组织结构,是当前建筑设施突破传统粗放资产管理模式,挖掘 FM 核心价值的关键。本章参照 FM 管理手册提供的组织架构理论,设计了建筑设施 FM 部门组织结构的构建思路(图 7-4)。

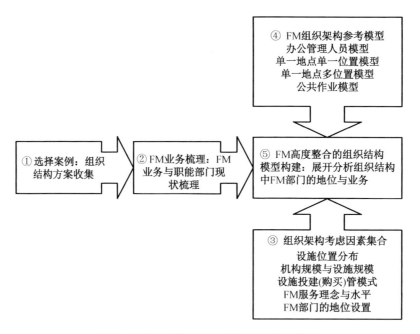

图 7-4 建筑设施 FM 组织结构设计路线图

Roper 等在《设施管理手册》(*FM Handbook*)中指出了构建 FM 组织架构需考虑的各项因素,包括设施位置分布、机构规模与设施规模、FM 服务理念与水平、FM 部门的地位等。FM 在企业组织结构中的位置是非常重要的,一方面要使得 FM 有必要的政治影响力开展 FM 业务,另一方面要体现设施对一个企业的重要性[51]。在位置设置时一般遵循两个原则:第一,FM 的位置应低于执行总裁(CEO)两级;第二,FM 的位置要与 IT 部门与 HR 部门平级。

Roper 等在《设施管理手册》中根据组织的规模与位置以及公立或民办类别,提出了 FM 组织结构的六大模型:Office manager model;One-location, one-site model;One-location,multiple-sites model;Public works model;Multiple-locations,strong regional or divisional headquarters model;Fully international model。Office manager model 较为常见,由 facility manager 统管整个 FM 业务,部分 FM 业务采用外包方式(如保洁保安、建筑结构与设备运维等),操作便利,适合小规模、低人力成本的物业管理。

7.3.4 建筑设施空间管理活动的识别

Lundgren 和 Björk[168]设计的 FM 全生命周期流程表明 FM 管理活动可以分解为三类基本活动:设施的提供、设施的运行和设施的处置。这一逻辑映射到空间管理同样适用,归纳为空间的提供、空间的运行和空间的处置。其中,空间的提供与空间的处置多涉及企业管理、资产管理以及项目管理内容,超越了本书的研究范围。因此,本书重点研究空间的运行,即在设施运行中的空间管理活动。用户(end-users)在这一阶段使用空间,而 FM 部门在这一阶段负责维护空间以满足用户需求,这一逻辑关系也就形成了一系列的空间管理活动。

本研究以价值流视角设计空间管理流程,这一流程是为一个产品或服务提供的一切活动按次序的组合,这些活动把投入转化为交付给利益相关者的价值需求(目标实现)。因此,以目标分解视角识别空间管理活动是最符合价值传递思想的识别方法,主要通过以下三个步骤梳理建筑的空间管理活动:①以分解建筑设施空间管理目标为视角,设计所需的空间管理活动,强调设施运行过程的空间管理活动;②以综述现有研究与经典 FM 管理软件中关于空间管理活动或流程的内容为补充,规范并补充建筑的空间管理活动,最终形成了"建筑设施空间管理活动集",该活动集共包含 26 个具体的空间管理活动以及一些常用的管理手段和策略。将这一活动集根据空间管理目标进行分类,部分活动在不同目标下均有涉及,稍有重叠,详见表 7-2。

表 7-2   实现空间管理目标的空间管理活动集

现代化的空间管理目标	空间管理活动	相应的管理手段和策略
SMG1 为用户提供舒适、安全、健康的空间环境	A11:空间安全设计符合规范要求	严格依据人体工效学进行空间设计; 注重卫生间或盥洗室的防滑安全设计; 消防设计符合规范要求
	A12:制定、审批与执行 HSE 管理机制	建立 HSE 管理小组; 明确 HSE 管理细则; 经组织审批后,执行 HSE 管理机制,落实安全管理与安全责任机制
	A13:定期组织安全教育与安全演习	学习 HSE 管理机制与安全手册; 定期组织安全演习
	A14:识别风险与收集用户请求	开展日常的安全巡检; 收集用户提出的 HSE 请求与空间需求

续表 7-2

现代化的空间管理目标	空间管理活动	相应的管理手段和策略
SMG1 为用户提供舒适、安全、健康的空间环境	A15：确认请求并派发工单	设置用户的需求申请渠道； 建立用户反馈机制与反馈信息收集渠道； 归纳分类用户需求和用户反馈信息； 应用信息化管理手段
		持续更新并管理资源库存； 确认服务请求，对空间功能或大小需求重点分析； 分析资源，派发工单，为用户提供工单跟踪信息； 应用信息化管理手段
	A16：控制风险与处理用户请求	执行工单，采用并积累日常 HSE 措施； 各方执行 HSE 管理责任； 收集并统计 HSE 成本，包括人力、材料等成本； 跟踪判断工单执行的最终效果； 向用户及时反馈问题处理的结果； 注重用户的期望值管理； 应用信息化管理手段
SMG2 合理控制空间的占用成本	A21：建立并更新空间库存数据库	定义组织结构、空间数据结构等； 参考北美常用的 BOMA 标准计算公共空间、垂直穿透空间、居住空间、办公空间的面积； 明确各个部门占用的空间面积以及应分摊的公共空间面积和预留空间面积； 持续更新空间数据组成的空间库存数据库； 应用信息化管理手段
	A22：应用策略优化空间占用成本	选择设施经营的经济规模； 保证日常维修的频率； 提高用户的节能减排意识； 实施空间预定策略
	A23：计算空间占用成本	根据空间功能汇总设施的空间类型； 定义每类空间的单位面积成本； 针对无法计算成本的空间类型，直接应用整个设施的单位面积总成本来替代； 应用信息化管理手段
	A24：实施 chargeback	针对部门占用面积，基于成本数据进 chargeback； 针对公共空间和预留空间面积，按照分摊标准将空间占用成本分摊至部门； 将 chargeback 报告反馈至部门； 应用信息化管理手段
SMG3 优化空间的功能性	A31：室内空间功能策划	在 programming 阶段，结合项目规划，充分考虑空间需求者的功能需求； 识别空间的数量与空间类型； 采用空间功能气泡图或空间矩阵表展示空间关系
	A32：建立、审批并执行空间管理政策	基于组织战略目标、设施规划、组织结构，制定空间管理政策，包括空间使用标准、优化空间使用指南、资源分配原则、空间搬迁流程等

现代化的空间管理目标	空间管理活动	相应的管理手段和策略
SMG3 优化空间的功能性	A33：空间分配与指派	收集用户的空间分配需求； 结合组织结构与业务流程，将空间分配至部门； 绘制融合空间功能与空间占用部门的空间布局图； 传递空间分配数据至空间库存模块； 应用信息化管理手段
	A34：空间功能优化	定期分析空间功能与组织需求之间的差异； 在资源有限的前提下，根据需求，优化功能，包括布局、功能设备配套等
SMG4 增强空间的灵活性	A41：以空间设计策略提升灵活性	办公空间的共享策略（注：排除老人活动空间）； 保持一定量的冗余空间（参考冗余空间比）； 部分公共活动空间可采用开放式设计或简易隔断； 应用信息化管理手段
SMG5 提高空间可达性	A52：无障碍空间设计与设施配置	依据设计规范与老人、残障人士行为特征进行无障碍设计； 保证医护流程的无障碍特性
SMG6 及时响应用户的空间需求	A61：预测未来空间需求	基于业务发展状况，预测未来空间需求； 制定应对空间需求变化的策略
	A62：及时向用户反馈处理结果	注重反馈的及时性； 注重用户的期望值管理
SMG7 推进空间管理的信息化	A21：建立并更新空间库存数据库	空间库存数据库的建立是实现管理信息化的第一步
	A71：建立信息化的空间管理模式	基于空间数据开展空间管理工作； 以信息化流程提升空间管理的效率
	A72：基于空间数据进行空间优化	对空间利用与成本管理实施标杆管理； 基于数据设计空间搬迁策略与预测未来空间需求
SMG8 优化空间的利用率	A81：计算空间利用率	采用多个表示空间利用率的指标，如空间占用时间比、空间占用面积比等； 形成空间利用率报告
	A82：应用策略优化空间利用率	将得到的空间利用率与标杆对比，找出差异，分析原因，寻找对策； 应用办公空间的共享空间策略； 应用空间预定策略； 调查空间用户对空间利用的满意度反馈； 将优化后的空间功能、空间布局以及空间占用数据发送至空间库存数据库
SMG9 以空间管理支持组织文化发展	A91：明确组织的企业文化	根据组织发展规划或章程明确企业文化

表 7-2 以空间管理目标体系为视角，归纳了所有潜在的空间管理活动。就发生频次来看，有些空间管理活动是间断性或者突发性的，有些空间活动是日常进行、周而复始的，

前者称为"项目类空间管理活动"，后者称为"日常类空间管理活动"。从执行主体来看，空间管理活动又分为战略层活动(Strategic Level)、战术层活动(Tactical Level)和执行层活动(Operational Level)。从价值流视角来看，空间管理活动又分为增值活动、非增值但必需的活动和非增值活动。类别的不同直接影响空间管理流程的设计。下文将以表 7-2 为基础，对上述空间管理活动分类展开讨论。

（1）项目类空间管理活动和日常类空间管理活动

表 7-2 中列出的日常 HSE 管理活动、空间库存的更新、空间分配与指派、实施chargeback、空间利用优化、空间成本优化等是周而复始的活动，它们存在于建筑设施的整个运行阶段，可以称为"日常类空间管理活动"。有关室内空间规划设计、大型空间搬迁等活动，属于空间改造或设计优化活动，是间断性或者突发性的，它们独立于日常的空间管理活动，在空间管理流程中以"项目"形式运作，经历项目的启动、实施以及结束这一整个过程，可称为"项目类空间管理活动"。此外，在空间管理实施前，一些准备工作如制定HSE 管理机制、建立空间管理政策、建立信息化空间管理模式、预测空间需求以及一些审批工作属于战略层面或战术层面，这些活动基本在空间管理实施前一次性制定好，即便是修改更新也是间断性的，因此也可纳入"项目类空间管理活动"中。日常类与项目类空间管理活动属于不同的维度，无法将其整合到一个空间管理流程中，因此在流程设计时亦会分别展开研究。

（2）战略层活动、战术层活动和执行层活动

7.3.3.2 节中已经阐明针对空间管理设置的管理层级的划分，空间管理活动承担者根据职能划分被安排在不同层级的管理岗位中，从事不同层级的管理活动。与空间管理组织结构"企业级—部门级—个人级"相适应，空间管理活动被划分为战略层活动、战术层活动和执行层活动三个层面。战略层活动主要包括一些审批工作如 HSE 管理机制审批、空间管理政策审批、大型空间需求审批、大型空间搬迁审批、业务及预算计划审批、空间规划与功能优化方案审批等，战略层活动一般与战术层活动产生直接联系，指导战术层和执行层活动的开展。战术层和执行层负责具体空间管理活动的开展，在一些小型组织中可合并为一层。本章将一些指导性机制或政策的制定以及政策的落实实施（例如制定HSE 管理机制、执行 HSE 管理机制、建立空间管理政策、执行空间管理政策、空间优化方案制定等）归为战术层活动，而相应的一些具体的空间管理工作如收集用户请求、更新空间库存、计算空间绩效指标等归纳为执行层活动。在后续流程设计中，这种分类方式是必然要考虑的，其划分结果在流程设计工具中也能完全表达显示。

（3）增值活动、非增值但必需的活动和非增值活动

根据是否对空间绩效做出贡献，在空间管理流程设计后，可将流程中的活动划分为三种：①增值活动，即真正能够为绩效创造价值的活动，如优化空间利用率；②非增值但必需的活动，即在空间管理流程中还需要，尚不能马上取消或者不可避免的活动，这种活动不能直接产生空间绩效，如审批；③非增值活动，它们是在流程中完全不必要，必须马上去掉的活动，如信息迭代、活动返工等。

（4）空间管理活动类别汇总

通过与 FM 部门的深度访谈,将空间管理活动按照前两种分类方式分别标注其所属类别,以便于对流程进行分类设计且对流程中不同管理层级进行职责划分。第三种分类方式一般在流程设计之后才能辨别,故而在此不做展开分析。

表 7-3　空间管理活动的分类标注

空间管理活动	项目类或日常类	所属管理层级
A11:空间安全设计符合规范要求	项目类	执行层
A12:制定 HSE 管理机制	项目类	战术层
A13:审批 HSE 管理机制	项目类	战略层
A14:落实 HSE 管理机制	日常类	战术层
A15:定期组织安全教育与安全演习	日常类	执行层
A16:识别风险与收集用户 HSE 请求	日常类	执行层
A17:确认请求并派发工单	日常类	执行层
A18:控制风险与处理用户请求	日常类	执行层
A21:建立并更新空间库存数据库	日常类	执行层
A22:应用策略优化空间占用成本	日常类	战术层
A23:计算空间占用成本	日常类	执行层
A24:实施 chargeback	日常类	执行层
A31:室内空间功能策划	项目类	战术层
A32:建立空间管理政策	项目类	战术层
A33:审批空间管理政策	项目类	战略层
A34:落实空间管理政策	日常类	战术层
A35:空间分配与指派	日常类	执行层
A36:收集用户空间需求	日常类	执行层
A37:小型空间功能优化方案制定与审批	日常类	战术层
A38:大型空间功能优化方案审批	日常类	战略层
A39:空间功能优化方案执行	日常类	执行层
A41:以空间设计策略提升灵活性	项目类	执行层
A51:以空间设计策略缩短各类流线	项目类	执行层
A52:无障碍空间设计与设施配置	项目类	执行层
A53:设置明确的导向系统	项目类	执行层
A61:预测未来空间需求	项目类	战术层

续表 7-3

空间管理活动	项目类或日常类	所属管理层级
A62:及时向用户反馈处理结果	日常类	执行层
A71:建立信息化的空间管理模式	项目类	战术层
A72:执行空间优化方案	日常类	执行层
A81:计算空间利用率	日常类	执行层
A82:应用策略优化空间利用率	日常类	战术层
A91:明确组织的企业文化	日常类或项目类	战术层和执行层
A92:以空间设计发展企业文化	项目类	执行层
A93:空间管理绩效评估	日常类	战术层

由管理流程实际运作可知,表 7-3 中所列的项目类空间管理活动和日常类空间管理活动无法统一到同一个空间管理流程中。各个项目类空间管理活动对应形成的流程受组织结构的影响极大,不同的组织与不同的项目形式会造成流程设计的多样性;而日常类空间管理活动的流程较为固定,在一些既有的 FM 管理软件中也形成了标准化的运作方式。因此,选择以日常类空间管理活动为例进行编码,以供管理流程设计使用,详见表 7-4。日常类空间管理活动对应的空间管理目标是国内建筑设施利益相关者重点关注的内容,如日常 HSE 管理、需求的及时反馈、空间利用与空间占用成本的优化等。从这一视角来看,日常类空间管理活动流程的设计对实践指导意义较大,可形成标准化的流程以供参考。

为了突出关键活动节点且实现价值流的连续性,在表 7-4 所列的日常类空间管理活动基础上,增设 D15"空间管理绩效评估"这一活动,在优化空间利用率、优化空间占用成本、优化空间功能之前,最关键的是 FM 部门通过"绩效评估"提出优化的具体指标与方向,以此来制定空间优化策略。空间管理以服务于用户为核心思想,因此在每一次流程循环的节点都以"及时向用户反馈处理结果"将空间管理价值传递至各个利益相关者,尽可能满足利益相关者的需求。此外,D7 中的"收集用户空间需求"包括收集用户的空间预定请求以及功能需求,这一需求的满足经常需要协调各个部门,它的解决方案一般由战术层对应的部门级制定,大型空间需求或空间变动的审批由战略层对应的企业级审批。

表 7-4　建筑设施"日常类空间管理活动"的编码

活动编码	空间管理活动	项目类或日常类	所属管理层级
D1	落实 HSE 管理机制	日常类	战术层
D2	定期组织安全教育与安全演习	日常类	执行层
D3	识别风险与收集用户 HSE 请求	日常类	执行层
D4	确认请求并派发工单	日常类	执行层
D5	控制风险与处理用户请求	日常类	执行层
D6	落实空间管理政策	日常类	战术层

活动编码	空间管理活动	项目类或日常类	所属管理层级
D7	收集用户空间需求	日常类	执行层
D8	小型空间搬迁或空间面积审批	日常类	战术层
D9	大型空间搬迁或空间面积审批	日常类	战略层
D10	空间分配与指派	日常类	执行层
D11	建立并更新空间库存数据库	日常类	执行层
D12	计算空间利用率	日常类	执行层
D13	计算空间占用成本	日常类	执行层
D14	实施 chargeback	日常类	执行层
D15	空间管理绩效评估	日常类	战术层
D16	优化空间利用率策略制定	日常类	战术层
D17	优化空间占用成本策略制定	日常类	战术层
D18	空间功能优化方案制定与审批	日常类	战术层
D19	大型空间功能优化方案审批	日常类	战略层
D20	空间优化方案执行	日常类	执行层
D21	监督空间优化方案的执行	日常类	战术层
D22	及时向用户反馈处理结果	日常类	执行层

7.3.5 基于数值型 DSM 的建筑设施空间管理活动间逻辑关系构建

DSM 模型能够以简单的方式,定量描述复杂的流程,包括活动间的顺序关系、信息依赖关系及强弱,基于此减少信息迭代数量和迭代影响的范围,对各活动重新排序,以达到流程效率优化的目的,是精益管理的重要工具。根据信息依赖程度表示方法的不同,将基于活动的 DSM 模型又分为布尔型 DSM 和数值型 DSM。布尔型 DSM 只能表示活动间的信息交互关系,而不能准确地反映这种信息交互关系的强弱(信息依赖程度);数值型 DSM 在原有的布尔型 DSM 的基础上能准确地反映信息反馈的强弱(信息依赖程度),同时更有利于数学建模,越来越获得一些学者的青睐。本书将选择数值型 DSM 以表达建筑设施空间管理活动间的逻辑关系,包括信息交互关系以及信息依赖程度。

(1)数值型 DSM 的一般表现形式

在一般流程中,各个活动之间普遍存在三种逻辑关系:依赖关系(串行关系)、相互依赖关系(耦合关系)和并行关系。具体而言,若活动 B 依赖于活动 A 的输出信息,而 A 不依赖于 B,这说明 A 与 B 是串行关系,时序一般是 A 先于 B;若 B 依赖于 A,同时 A 又依赖于 B,这说明 A 与 B 存在相互依赖关系(耦合关系),两者无法明确判断先后顺序,只能依据经验选择一种顺序或者并行开始,最终依据后述的流程优化方法而确定;若 A 与 B 之间没有信息依赖,则说明两者是并行关系,两者顺序可随意设定,也可并行开展,可暂设定一种次序。

上述活动间的逻辑关系以及关系强弱(信息依赖程度的强弱)均可由数值型 DSM 表达。一个基本的数值型 DSM 是由一个方阵组成,信息流(流程)中的活动元素用数字或字母表示,并以相同的顺序列在矩阵的左侧(一行一个)和上侧(一列一个)。矩阵第一行或第一列中数字或字母的先后顺序即表明了此流程设定的先后顺序(上下游关系)。此外,数值型 DSM 能够以数值定量描述信息依赖关系的强弱,其常用的信息依赖强度度量方法有四刻度法、五刻度法等。以四刻度法为例,刻度值"0,1,2,3"分别对应"无依赖关系,依赖强度低,依赖强度中,依赖强度高"。

数值型 DSM 中信息依赖关系强弱的具体方法如下:

$$a_{ij} = \begin{cases} 1 & \text{当活动 } S_i \text{ 对活动 } S_j \text{ 信息依赖强度较低时} \\ 2 & \text{当活动 } S_i \text{ 对活动 } S_j \text{ 信息依赖强度中等时} \\ 3 & \text{当活动 } S_i \text{ 对活动 } S_j \text{ 信息依赖强度较高时} \\ 0 & \text{当活动 } S_i \text{ 对活动 } S_j \text{ 无信息依赖时} \end{cases} \qquad (7-1)$$

用 A 表示活动间的 DSM 矩阵,$A = \{a_{ij}\}$,a_{ij} 为第 i 行活动(S_i)对第 j 列活动(S_j)的信息依赖关系。

图 7-5 表征了某一信息流的数值型 DSM 原型,活动由 A~G 字母表示,初步流程也是从 A 到 G。其中,活动 A 和 B 之间没有信息交互关系,属于并行关系;B 将信息传递至 C,属于串行关系;F 和 G 相互传递信息,说明存在相互依赖关系(耦合关系)。矩阵中 a_{ij} 的取值代表了上述所列关系的强弱。

	A	B	C	D	E	F	G
A	A		3				2
B		B					
C	1	3	C			1	2
D		2		D			
E			1		E		
F						F	3
G			2			1	G

图 7-5　数值型 DSM 示例

(2) 建筑设施空间管理活动间信息依赖关系强弱的度量

建筑设施空间管理活动间主要存在的是信息的交换和流动,涉及的人力与时间成本也主要根据完成活动所收集与处理的信息量而定。因此,本章重点研究空间管理活动间的信息依赖关系,根据活动信息产生的先后确定活动的时序关系,暂不考虑物料流的问题。如上所述,以往大多数的数值型 DSM 主要采用四刻度法或五刻度法来衡量活动之间信息依赖关系的强度大小,但这种度量并不能揭示活动间信息交互的本质。为了更加深入地描述活动间信息依赖关系的强弱,采用 Browning[169]定义的两个指标来定量衡量空间管理活动间的信息依赖程度:返工可能性 P(Rework Probabilities)和返工影响度 I(Rework Impact)。假定活动 i 和活动 j 分别为信息接收方和信息输出方,所谓"返工可能性"是指活动 j 所输出的信息引起活动 i 产生返工的可能性;所谓"返工影响度"是指活动 j 所输出的信息引起活动 i 产生的返工量或返工程度。即以返工的视角来衡量活动间的信息依赖关系,具体表述为:

$$P(活动 j 输出的信息引起活动 i 的返工概率) = DSM_{ij1}$$

I(因活动 j 输出信息的变化导致 i 返工量的百分比) $= DSM_{ij2}$,其中 P 和 I 的取值为 $[0,1]$

关于返工可能性 P 和返工影响度 I 的量化可采用模糊层次分析法、专家打分法、德尔菲法等方法来进行。为了简化指标量化的程序,选择专家打分法。以表 7-4 中"日常类空间管理活动"为例,邀请 FM 专家对各个活动间的 P 值和 I 值进行打分,具体的度量标准如表 7-5 所示,最终求取两位专家打分的算术平均值。

表 7-5　返工可能性 P 和返工影响度 I 的度量

返工可能性 P 的度量 (活动 i 为信息输出方,活动 j 为信息接收方)		返工影响度 I 的度量 (活动 i 为信息输出方,活动 j 为信息接收方)	
标度值	定　义	标度值	定　义
0	活动 i 与活动 j 无信息交互关系	0	活动 i 与活动 j 无信息交互关系
0.1	活动 i 输出的信息引起活动 j 的返工概率很低	0.1	活动 i 输出信息的变化导致 j 返工量为 10%
0.3	活动 i 输出的信息引起活动 j 的返工概率较低	0.3	活动 i 输出信息的变化导致 j 返工量为 30%
0.5	活动 i 输出的信息引起活动 j 的返工概率一般	0.5	活动 i 输出信息的变化导致 j 返工量为 50%
0.7	活动 i 输出的信息引起活动 j 的返工概率较高	0.7	活动 i 输出信息的变化导致 j 返工量为 70%
0.9	活动 i 输出的信息引起活动 j 的返工概率很高	0.9	活动 i 输出信息的变化导致 j 返工量为 90%

为便于后文利用 DSM 模型优化建筑设施空间管理流程,可将 P 和 I 两个定量指标进行中和,以转化为一种综合指标来反映空间管理活动间的逻辑关系,这一综合指标可称为活动间的信息依赖度。利用效用理论中的相乘效用函数法,将上述指标综合为 R_{ij}(信息依赖度,Relevancy),其计算公式如下:

$$R_{ij} = \sqrt{P_{ij}I_{ij}} \tag{7-2}$$

其中,P(活动 j 输出的信息引起活动 i 的返工概率)$= DSM_{ij1}$;I(因活动 j 输出信息的变化导致 i 返工量的百分比)$= DSM_{ij2}$。

表 7-6 表示以 DSM 矩阵表示日常类空间管理活动间的逻辑关系。具体空间管理流程优化的方法与步骤将在 7.3.6 节中详细阐述。

表 7-6 以 DSM 矩阵表示日常类空间管理活动间的逻辑关系

	1	2	3	4	5	6	7	8	9	10	11	12	13	14	15	16	17	18	19	20	21	22
D1 落实 HSE 管理机制	1																					
D2 定期组织安全教育与安全演习	0.14	2																				
D3 识别风险与收集用户 HSE 请求	0.14	0.12	3																			
D4 确认请求并派发工单			0.49	4																		
D5 控制风险与处理用户请求	0.20	0.10	0.35	0.55	5																	
D6 落实空间管理政策						6																
D7 收集用户空间需求						0.24	7															
D8 小型空间搬迁或空间面积审批						0.14	0.59	8	0.24		0.39											
D9 大型空间搬迁或空间面积审批						0.10	0.39	0.10	9		0.28			0.14								
D10 空间分配与指派						0.39		0.60	0.39	10	0.37	0.17	0.14									
D11 建立并更新空间库存数据库						0.24				0.52	11	0.26	0.37	0.26						0.37		
D12 计算空间利用率						0.10				0.52	0.67	12										
D13 计算空间占用成本						0.10				0.37	0.46	0.42	13									
D14 实施 chargeback						0.24				0.24	0.37	0.37	0.46	14								
D15 空间管理绩效评估					0.32	0.14						0.10		0.37	15					0.37		0.22
D16 优化空间利用率策略制定						0.10	0.10				0.20	0.24			0.37	16	0.10	0.10	0.14			
D17 优化空间占用成本策略制定						0.10	0.10				0.20	0.20	0.20		0.37	0.24	17	0.10	0.14			
D18 空间功能优化方案制定与审批						0.10	0.24				0.14				0.22	0.10	0.10	18	0.24			
D19 大型空间功能优化方案审批						0.50	0.14				0.10				0.17	0.10	0.10	0.10	19			
D20 空间优化方案执行						0.14					0.14					0.37	0.37	0.37	0.37	20	0.14	
D21 监督空间优化方案的执行						0.10														0.59	21	
D22 及时向用户反馈处理结果	0.10		0.10	0.10	0.32	0.10		0.14	0.17	0.39					0.22					0.20	0.10	22

7.3.6　基于数值型 DSM 的建筑设施空间管理流程优化研究

建筑设施空间管理流程也是依托于大量的信息传递而运行的,在运行过程中也不可避免地存在一些浪费现象,如信息等待、信息迭代、返工、过多审批环节等。这些浪费形式最终造成了时间和成本的浪费,而时间和成本是衡量效率的关键指标,故而浪费降低了空间管理流程的效率。因此,以消除空间管理流程信息流的浪费是空间管理流程效率优化的突破口。

7.3.6.1　影响空间管理流程效率的各种浪费

丰田生产方式把所有业务过程中消耗了资源而不增值的活动叫做浪费[170]。精益方式的创造者大野耐一提出了七种浪费:库存、过量生产、等待、动作(不必要的移动)、过度处理(加工)、缺陷/返工、运输/传递[171],这些浪费主要存在于典型的生产流程中。结合建筑设施空间管理流程的自身特性,将信息流中存在的各种影响空间管理流程效率(信息传递效率)的浪费界定为四种主要类型,它们在空间管理信息流中的表现形式以及对应的消除浪费的措施见表 7-7。

表 7-7　影响空间管理流程效率的各种浪费

浪费形式	描　述	表现形式	消除浪费的措施
信息等待浪费	活动总的持续时间与创造价值的时间之差	① 人等待信息;② 信息等待人的处理	① 在流程中为各项活动合理配置管理人员;② 采用并行活动
过度处理	额外的、超过用户需求的对空间管理服务的改进	① 过多的审批;② 在信息不完备的条件下,追求过多的细节和过高的精度	① 精简审批环节;② 空间管理的水准或目标要控制好
缺陷/返工	不合格的活动或需要返工造成的浪费	① 空间管理活动输出信息的质量较低;② 信息传递的不完整性;③ 信息的流失损耗	① 加强信息准确性的审查;② 提高空间管理人员的技能;③ 完善信息的交底
运输/传递浪费	信息在空间管理流程中不必要的迭代	① 信息流不必要的迭代;② 信息流传递路径过长	① 消除信息流中不必要的迭代;② 缩短信息的传递路径;③ 弱化必要迭代带来的负面影响

(1) 信息等待、过度处理与缺陷/返工

在表 7-7 所列的四种浪费中,信息等待、过度处理以及缺陷/返工这三种普遍的浪费表现形式简单,在空间管理流程中较容易被发现,同时也容易消除。再者,这三种浪费受组织结构、人力资源、管理能力等因素影响较大,在不同的组织(建筑设施)中,产生浪费的原因以及消除浪费的措施差异就比较大。在实际中,完全可以采用表 7-7 列出的浪费消除措施来消除或弱化上述三种浪费对空间管理信息流效率的影响。表 7-7 所列的消除浪费的措施也是基于浪费发生的原因制定的,可以看出这些原因及措施都比较主观,涉及管理水平、培训水平等相对定性的因素。因此,在对应流程优化中,很难开展普适性的理论分析,仍需基于特定案例展开优化研究。

(2) 运输/传递

大量研究实践表明运输/传递浪费是影响流程效率的主要因素,其信息迭代问题也是学术界对价值流优化的主要研究内容,其宗旨即通过定量的方法消除不必要的信息迭代,减少必要迭代的规模[171]。所谓运输/传递浪费是指因信息传递路径的不合理造成的一系列不必要的信息迭代。在空间管理流程中存在大量的信息传递过程,诸多活动之间存在信息反馈关系,这是价值流传递的必要条件,所以完全消除运输/传递浪费是不可能的。但是,减少不必要的迭代、弱化不必要迭代产生的负面影响以及合理规划传递路径,减少不必要迭代的数量与影响,是精益改进的目标。具体来看,以日常类空间管理流程为例,因"建立并更新空间库存数据库"以及"空间管理绩效评估"活动的需要,流程中产生了大量的耦合任务,造成了大量的信息循环往复现象,即"信息迭代"。显而易见,不必要的迭代会造成资源的浪费,那么如何判定空间管理流程中不必要的信息迭代呢? 如何弱化这种迭代及其规模或者负面影响呢? 这是流程优化(价值流优化)的主要工作,也是本节重点研究的内容。这类优化涉及空间管理活动间的逻辑关系、信息耦合关系等相对稳定的数据,其优化方法与策略也会有较强的普适性。信息迭代的概念与优化方法将在下文详细展开。

7.3.6.2 信息迭代的基本概念

在信息流中,下游活动信息的结果要反馈给上游活动,使得上游工作重新开展并产生新的输出,这种信息的逆向流动称为信息的迭代(Iteration)[172]。活动间相互依赖关系的存在是产生信息迭代的主要来源。信息迭代并不完全是一个消极的词汇,相反有些迭代的价值含量是非常高的,也是非常有必要的。从这个角度,信息的迭代可分为必要的迭代和非必要的迭代[173]。所谓"必要的迭代"是指在流程中,存在相互依赖关系的活动之间有强烈的信息依赖关系,活动之间需通过不断的信息反馈来改进活动,这种反馈的附加价值较高,能够避免后续浪费现象的出现。所谓"非必要的迭代"主要是由于流程中活动的错序而造成的,减少或弱化非必要迭代是流程优化的关键所在。必要的迭代能够带来更多的价值,但是过多的迭代会带来一些负面影响,如返工过多引起的资源浪费、有些迭代的价值微乎其微、管理人员容易懈怠等。因此,重视空间管理流程中的必要迭代,减少非必要的迭代、减少必要迭代的规模,对空间管理尤为重要。而区别必要迭代和非必要迭代的方法是:对流程中的活动重新进行合理排序,合理排序之后消失的迭代就属于非必要迭代,而依然存在的迭代就是必要迭代。

7.3.6.3 基于遗传算法优化建筑设施日常类空间管理流程

杨青在《精益价值管理》一书中详细描述了应用传统 DSM 优化流程的基本原理,主要是通过排序(矩阵的行列变化)、聚类方式,减少信息迭代次数(信息流循环次数)。

将上述流程优化目标与理论应用于建筑设施空间管理流程优化中,基于杨青描述的一般流程优化步骤[174],本节将详细描述空间管理流程优化的实施步骤。

(1) 找出不需要矩阵其他元素的输入即可开展的系统元素(空间管理活动),这一类元素对应矩阵中没有输入元素的空行,将这些元素移至 DSM 矩阵顶端,其对应的行列与相关关联值一起移动。

（2）找出不向矩阵其他元素输出任何信息的系统元素（空间管理活动），这一类元素对应矩阵中没有输入元素的空列，将这些元素移至 DSM 矩阵底端，其对应的行列与相关关联值一起移动。

（3）找出信息循环，从某一任务开始，向前或向后跟踪信息流，直到第二次追溯到同一个任务，这就构成一个信息流循环，即迭代（返工）发生。

（4）以"聚类"或"分解"方法[175]，将循环中的元素合并或分解，形成"子块"，将信息反馈控制在"子块"范围内，使得"子块"内的信息反馈增多，"子块"间的联系减少，让 DSM 尽可能变形为一个下三角形，达到降低信息迭代的次数和规模的目的。

在面对复杂的流程优化时，如活动数量诸多、信息反馈较多，很难通过上述传统的步骤去手动优化。对此，诸多学者以 DSM 矩阵的关联成本为适应度函数编制遗传算法程序[171,174,176]，仿真结果也表明遗传算法提高了 DSM 信息流优化的运算速度，改进了活动排序的质量，达到了优化的目的。

上节识别了日常类空间管理活动及其逻辑关系，初步构建了 DSM 矩阵（表 7-6），尚未展开流程的分析与优化。对此，以既有的日常类空间管理活动 DSM 矩阵为例，基于 DSM 信息流优化原理，利用遗传算法完成对日常类空间管理流程的优化，同时展示标准的空间管理流程优化步骤与方法。

具体优化过程如下：

（1）编码方式的确定

基于 DSM 的信息流优化方法主要是解决空间管理活动要素的排序问题，任何一个活动排序方案均可认为是一个解。图 7-6 所示的数组编码方式，本算例共有 22 个活动，则基因码链的长度为 22。例如，染色体编码[1-2-3-4-5-6-7-8-9-10-11-12-13-14-15-16-17-18-19-20-21-22]表示从 DSM 左上角到右下角的活动排序为[D1-D2-D3-D4-D5-D6-D7-D8-D9-D10-D11-D12-D13-D14-D15-D16-D17-D18-D19-D20-D21-D22]。这一编码顺序即表 7-8 呈现的初始解。该排列中活动间的信息依赖度详见表 7-8。

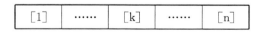

图 7-6　DSM 染色体编码

（2）适应度函数的设定

由于遗传算法的适应度应以大者为优，选择关联总成本的倒数为适应度函数，如式 7-3 所示：

$$Fitness = 1/TCC = 1 \Big/ \sum_{i=1}^{n} CC(i) = 1 \Big/ \sum_{i=1}^{n} \Big(\sum_{j=1}^{n} R(i,j) + R(i,j) \times Size(i,j)^p \Big)$$

(7-3)

其中，TCC 为总关联成本；$CC(i)$ 为活动 i 与所有活动的关联成本；$R(i,j)$ 为活动 i

和 j 之间的信息依赖度；$Size(i,j)$ 为 i 和 j 之间的距离，表示返工的迭代距离；p 为惩罚因子，可取为 2。

（3）选择算子

赌轮盘选择算子。

（4）交叉算子

交叉方法需遵循两条原则：一是交叉生成的后代应尽量保留双亲基因中的优良成分，淘汰不良成分，在排序优化问题中，双亲的优良图式主要体现在其基因链中数码的先后顺序关系；二是杂交生成的后代必须满足基因编码的条件，即每个活动只允许在后代的基因链中出现一次。根据以上原则，本书采用图 7-7 中的交叉方法。

（5）变异算子

变异的目的是增加种群的多样性，在基因链上随机选择两个活动的代码，交换相应位置形成子代。

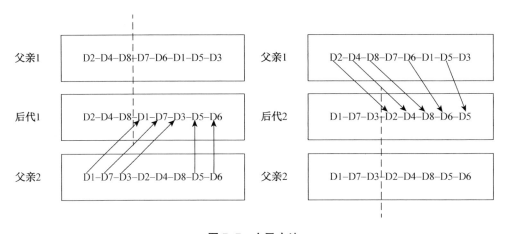

图 7-7　交叉方法

（6）收敛条件

为了防止过早收敛而导致局部最优，可将遗传代数设定为 1 000 作为收敛依据。当选出的前 1 个适应度排名不再发生变化时，即可收敛。本算例表明遗传代数 1 000 已完全满足收敛条件。

（7）遗传算法的计算结果

在 MATLAB2016a 中，采用 C♯ 语言进行编程设计，主要参数为：种群规模 200、交叉率 0.95、变异率 0.09、终止代数 1 000，遗传算法的寻优示意图见图 7-8，最佳适宜度值为18.268。从图 7-8 中可知，随着群体的进化过程，最大适应度值逐渐减小，群体中的个体所代表的解逐渐趋于最优，后期适应度值的增长变得越来越慢，说明群体逐渐收敛于最优。经过遗传算法运算后，得到的活动最佳排序为：[D6-D1-D2-D7-D3-D4-D5-D9-D8-D10-D11-D12-D13-D14-D15-D19-D18-D16-D17-D20-D21-D22]。基于 DSM 优化的建筑设施日常类空间管理活动矩阵见表 7-8。

（8）优化前后对比

在基于数值型 DSM 信息流优化目标函数中，存在两个重要的指标参数：迭代距离和信息依赖度。本书以流程优化前后这两个参数来评估 DSM 流程优化的绩效水平，同样以上述算例优化结果为背景。

总信息迭代距离主要反映的是信息迭代的总规模，由信息迭代的数量（上三角的数值标记）和每一次迭代的距离而定，见式 7-4。总信息迭代距离越大，说明这一流程中需要大规模

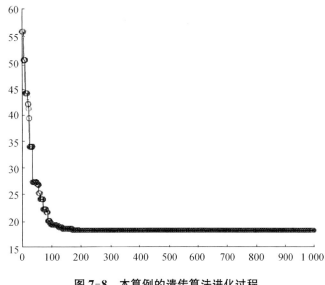

图 7-8　本算例的遗传算法进化过程

的返工，将会造成流程作业资源的大量浪费。经计算，优化前后的总迭代距离分别为 249 和 162，很明显优化后的信息迭代规模减少了将近一半。

$$\sum_{i=1}^{n} \sum_{j=1}^{n} Size(i, j) = \sum_{i=1}^{n} \sum_{j=1}^{n} j - i,其中 i < j \tag{7-4}$$

信息迭代度反映了流程中信息迭代的强度大小。我们可以采用信息迭代总强度来反映信息流优化前后的迭代状况，见式 7-5。算例中优化前后的 R 值分别为 9.26 和 6.93，很明显优化后的信息依赖度大幅下降，总体信息依赖强度得到弱化，在一定程度上减少了返工的可能性或返工影响度，必然在时间或成本的利用上有所缩减，提高了流程的效率。

$$\sum R = \sum_{i=1}^{n} \sum_{j=1}^{n} R(i, j),其中 i < j \tag{7-5}$$

此外，根据优化后的流程矩阵表可知，在 D3、D4、D5；D10、D11、D12、D13；D19、D18、D16、D17；D20、D21 这四个"子块"中（表 7-8 的粗框线内部），活动之间的信息交流较为频繁，且涉及的信息迭代（返工）数量较多。由数值型 DSM 流程优化的策略可知，以"聚类"方式将活动间频繁的信息交流控制在"子块"中，可有助于减少信息的迭代或活动的返工[171]。因此，将这四大活动"子块"聚类，分别集成为"大的活动"。由于这些"大的活动"间存在大量的耦合关系，因此需要通过组成专业的团队来共同完成这些"大的活动"。在"子块"内部以及联系并不强烈的"子块"间，可以采用并行工程来提高整个空间管理流程的效率，将原流程活动间的信息交流内部化，减少"子块"间的联系，达到减少信息迭代次数或活动返工的目的，从而减少流程的作业资源。为了方便识别，将"大的活动"与剩余活动重新编码（N1～N13），具体的"聚类""活动重新编码"与"并行工程"设计见图 7-9。虚线方框内的活动即"子块"内部的活动，可并行进行与协同作业。

表 7-8　DSM_{ij} 优化后的日常类空间管理活动 DSM 矩阵

		6	1	2	7	3	4	5	9	8	10	11	12	13	14	15	19	18	16	17	20	21	22
D6 落实空间管理政策	6	6																					
D1 落实 HSE 管理机制	1	0.14	1																				
D2 定期组织安全教育与安全演习	2	0.05	0.14	2																			
D7 收集用户空间需求	7	0.24			7																		
D3 识别风险与收集用户 HSE 请求	3	0.05	0.14	0.12		3		0.10															
D4 确认请求并派发工单	4		0.10			0.49	4	0.14															
D5 控制风险与处理用户请求	5	0.05	0.20	0.10		0.39	0.55	5															
D9 大型空间撤正或空间面积审批	9	0.10			0.39				9	0.10		0.28			0.14								
D8 小型空间撤正或空间面积审批	8	0.14			0.59				0.24	8		0.39											
D10 空间分配与指派	10	0.39							0.39	0.60	10	0.37	0.17	0.14									
D11 建立并更新空间库存数据库	11	0.24									0.52	11	0.26	0.37	0.26								
D12 计算空间利用率	12	0.10									0.52	0.67	12										
D13 计算空间占用成本	13	0.10									0.37	0.46	0.42	13									
D14 实施 chargeback	14	0.24									0.24	0.37	0.37	0.46	14								
D15 空间管理绩效评估	15	0.14						0.32					0.10		0.37	15					0.37		
D19 大型空间功能优化方案审批	19	0.05										0.10				0.17	19	0.10	0.10	0.10			
D18 空间功能优化方案制定与审批	18	0.10										0.14				0.22	0.24	18	0.10	0.10	0.37		
D16 优化空间利用率策略制定	16	0.10										0.20	0.24			0.37	0.14	0.10	16	0.10			
D17 优化空间占用成本策略制定	17	0.10										0.20	0.20	0.20		0.37	0.14	0.10	0.24	17			
D20 定期空间优化方案执行	20	0.14										0.14					0.37	0.37	0.37	0.37	20	0.14	
D21 监督空间优化方案的执行	21	0.10																			0.59	21	
D22 及时向用户反馈处理结果	22	0.10	0.10			0.10		0.32	0.17	0.14	0.39					0.22					0.20	0.10	22

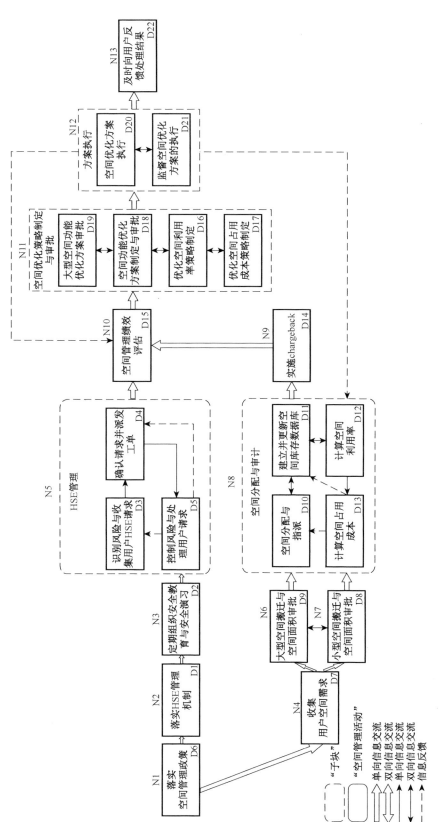

图 7-9　日常类空间管理流程的初步设计

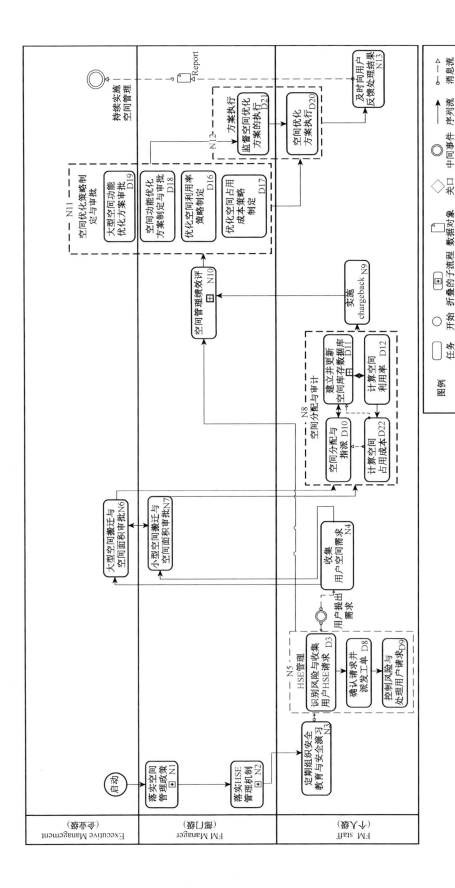

图 7-10 基于 BPMN 的日常类空间管理活动流程表达

7.3.7　建筑设施空间管理流程的表达

根据表 7-4 列出的日常类空间管理活动与管理层级以及表 7-8 列出的日常类空间管理活动邻接矩阵,以 BPMN 为建模工具,初步以 BPMN 表达了建筑在设施日常类空间管理活动的流程,详见图 7-10。不同层级的参与主体相互协作,形成活动的任务流与消息流,最终将空间管理价值传递至利益相关者,完成整个流程的持续运转。这一流程,尤其是其中的 HSE 管理与空间的分配和指派活动,是围绕用户的需求持续开展的。而对"优化空间利用率"和"优化空间占用成本"可以设置合理的优化频率,例如 1 周 1 次的优化频率。也正是因为流程的持续性,在本书中仅在企业层级上设置了"启动"项命令,而没有设置"结束"项命令,仅仅以"持续实施空间管理"命令作为空间管理流程的一次循环节点,称为"中间事件点"。

7.4　建筑设施空间管理关键绩效指标的识别与分析

建筑设施空间管理绩效评估是管理体系的第三大步骤,在实施评估时绩效指标变量的选取至关重要,它关系到对空间管理目标的反映以及空间管理绩效的准确表达。研究综述发现,既有研究尚无对空间管理绩效指标的全面梳理,需从 FM 相关领域搜集绩效指标,筛选适应于空间管理的关键绩效指标,目的在于将有限的管理精力投入到关键的绩效指标中,最终能为绩效评估的实施提供精准的输入和输出变量。

7.4.1　绩效评估方法的选取

学术界热衷于绩效评估方法的应用研究,应用于 FM 或空间管理中比较常见的绩效评估方法有平衡计分卡(Balanced Score Card,BSC)、EFQM Excellence Model、关键绩效指标法(KPI)。

传统的绩效评估局限于对财务指标的评估,对此 Kaplan 和 Norton 以战略管理视角,从财务、利益相关者、内部流程以及成长学习能力四个方面开展绩效评估,称为 BSC。BSC 方法已从单纯的绩效评估方法拓展应用为战略管理方法[177]。近年来,BSC 受到了 FM 领域学者与实践人员的青睐。Amaratunga 和 Baldry 基于 BSC 构建了高等教育设施的 FM 绩效评估框架[178];Gissinger 和 Støre-Valen 应用 BSC 对医院的 FM 服务进行了标杆管理[179]。尽管 BSC 的应用已经十分广泛,但它依旧局限于四个维度的评估。对此,一些相关的 BSC 评估模型已经超越了初始的四个维度[178]。

欧洲质量管理基金(EFQM)于 1990 年创建了 EFQM Excellence Model,在欧洲的企业管理中获得了广泛的应用[179]。基于九项指标,EFQM Excellence Model 描述了组织业务流程中动因与结果的因果关系,通过动因——领导力、制度与策略、人员管理、资源、流程管理等实施来达到结果——财务绩效、客户满意度、员工满意度、社会影响[180]。基于 EFQM Excellence Model 的概念,相关研究设计了诸多类似的模型拓展应用于多个学科。

例如 Bassioni 等设计了概念框架评估建筑企业的绩效,他指出在英国的建筑企业中,有22.5%的企业应用 EFQM Excellence Model 开展绩效评估,26.4%的企业采用 KPI 方法进行绩效评估,3.8%的企业将 EFQM Excellence Model 与 KPI 结合应用[181]。当前大量 EFQM Excellence Model 的应用研究已经扩展到 FM 领域。例如,Stewart 为英国国家健康体系(National Health Service, NHS)调查了 EFQM Excellence Model 应用的可行性[182];Politis 等(2009)将这一模型应用于酒店设施[183];Jackson 指出鉴于 EFQM Excellence Model 能够融合多个评估指标的特点,英国政府已经宣布将这一模型框架应用于 NHS 的绩效评估中[184]。

关键绩效指标(Key Performance Indicators,KPI)方法,起源于英国的建筑行业,是一种重要的绩效考核工具,它结合了目标管理和量化考核的思想,通过对目标层层分解的方法使得各级目标(包括组织目标和个人目标)不会偏离组织战略目标,可以很好地衡量组织绩效以及组织中个体的贡献,起到很好的价值评价和行为导向的作用[185]。KPI 之所以可行,是因为它符合一个重要的管理原理,即"二八原理",这是意大利经济学家帕累托提出的,又称冰山原理,是"重要的少数"与"琐碎的多数"的简称。帕累托认为:在任何特定的群体中,重要的因子通常只占少数,而不重要的因子则常占多数。只要控制重要的少数,即能控制全局。作为一种绩效评估系统,KPI 已经被一些学者引入到 FM 领域。KPI 是一种绩效评估体系,其对应的 KPI 即开展评估所需的关键指标。

在 FM 绩效评估方法的选取上,Meng 和 Minogue[177]采用问卷调查的方法探究 FM 从业人员对上述绩效评估方法的效用测评,结果表明上述三种方法是最常用的三大方法,其中 KPI 是被采纳最多且最有效的绩效评估方法,KPI 与 EFQM Excellence Model 的结合应用在 FM 或建造领域业已出现。同样选取 KPI 方法应用于建筑设施空间管理的绩效评估中,原因在于:①既有的 FM 领域 KPI 的应用研究为 KPI 的应用积累了大量的研究基础;②基于空间管理的实践,IFMA 总结了大量的绩效指标,形成了一系列基准报告包括空间利用基准报告、运维成本基准报告等,这是 KPI 应用的关键;③KPI 方法视角开放灵活,易于操作,可依据特定的设施类型设置特定的 KPI 评估框架;④KPI 的考核指标是关键性的,有利于考核者在绩效评估的过程中掌握关键的评估指标,提高绩效评估的效率;⑤KPI 依据组织的战略目标由上而下分解而生,使得绩效评估与组织的发展战略相一致,且提出了利益相关者满意度理念,能够促使组织的目标更快达成,有利于组织利益与个人利益达成一致。此外,参与 Meng 和 Minogue 调查的 FM 专家指出,选取恰当的绩效指标是非常关键的,如果指标选取不正确,评估是无效的[177]。对于建筑设施空间管理绩效评估亦是如此,绩效指标的选取、关键绩效指标的筛选均是本节需重点研究的内容。

7.4.2　关键绩效指标(KPI)在 FM 绩效评估中的应用

(1) 关键绩效指标评估的基本流程

KPI 绩效评估的首要原则是各级评估指标切勿偏离组织战略目标,在既有的 KPI 绩效评估流程研究中也遵循自上而下构建指标体系的原则。段波与周银珍指出,在企业绩效评估中,完整的关键绩效指标体系包括三个层次:根据组织的战略目标和年度目标设计"企业级 KPI 体系",根据"企业级 KPI 体系"设计各部门的"部门级 KPI 体系",根据"部门级 KPI 体系"设计各岗位的"岗位级 KPI 体系"[186]。段波进一步区分了绩效目标与绩效指标这两个概念,明确绩效指标是可以量化且验证绩效目标的达成度。陈丹红构建了KPI 的一般流程,包括"以战略目标确定关键成功因素→确定关键绩效指标 KPI→确定关键评价标准→确定评估数据来源→对关键绩效指标进行沟通与审核"[187]。Amaratunga和 Baldry[188]指出关键绩效指标 KPI 是对组织运行过程中关键成功要素的归纳,并归纳KPI 体系设计程序为:①基于组织的关键成功要素确定组织的 KPI 维度;②细化 KPI 维度为 KPI 要素;③确定企业级、部门级与岗位级 KPI;④设定评价标准;⑤对关键绩效指标进行审核。相关 KPI 的设计研究中一般也遵循"基于战略目标(绩效目标)确定 KPI 维度与要素→基于文献综述构建 KPI 维度下的绩效指标→筛选关键绩效指标 KPI→设定评价标准"这一流程。

（2）关键绩效指标的特点

一般而言,确定 KPI 需要遵循 SMART 原则,其中 S（Specific）意思是"具体的",代表着 KPI 应适度细化到具体的评估内容,切中特定的绩效目标;M（Measurable）意思是"可度量的",KPI 是能够量化且评估绩效目标的量化性指标;A（Attainable）意思是"可实现的",是组织与个人可以通过自身努力实现 KPI 所切中的目标;R（Realistic）代表"现实的",是人们所能观察到的实实在在的存在客体而非假设的;T（Time-bound）意思是"有时限的",KPI 是有特定时间期限的效率性指标。此外,从 KPI 绩效评估方法与 FM 的内涵视角来看,FM 或空间管理的 KPI 还应具有"与组织的战略目标达成一致"这一关键特点。SMART 原则与"与组织的战略目标达成一致"这六个特点是筛选关键绩效指标的必要条件。对于建筑设施空间管理而言,可具体要求 KPI 应当紧密地围绕建筑设施的空间管理目标,充分体现利益相关者视角下的空间管理诉求。

7.4.3　建筑设施空间管理关键绩效指标的概念模型

前文分别对空间管理绩效和空间管理目标进行了深入探讨,这些内容为本节进一步识别建筑设施空间管理的 KPI 打下了坚实基础。基于 KPI 评估基本流程,首先根据空间管理增值机理、空间管理目标体系、既有 FM 绩效维度,确定空间管理 KPI 维度,初步构建各个 KPI 维度之间以及 KPI 维度与空间管理目标之间的关系,形成建筑设施空间管理KPI 的概念模型(图 7-11),以便指引潜在 KPI(以下将潜在的 KPI 称为 PIs,即绩效指标)的识别。

空间管理带来的绩效最终传递至各个利益相关者,故而绩效这一贡献的判定也应从利益相关者视角切入。将"空间管理绩效"直接转化为"空间管理目标",以落地指导空间管理的实施。特别强调的是,空间管理目标即反映了各个利益相关者对空间管理的诉求。如何去衡量空间管理目标的实现程度呢？这就需要用"空间管理绩效指标"去量化,原因

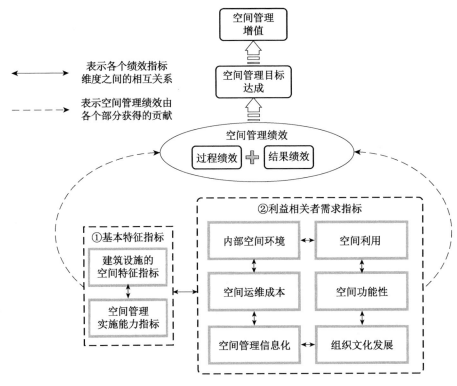

图 7-11　空间管理 KPI 概念模型

在于绩效以及绩效指标是对目标的分解与量化。在绩效的行为和结果结合论的基础上将空间管理绩效分为过程绩效和结果绩效,表明"空间管理绩效指标"需要在空间管理实施前的条件输入、实施过程、输出结果这一全过程去识别,其获得的绩效指标体系才能全面反映空间管理全过程的绩效。从考核内容上分析,空间管理的绩效指标维度是基于空间管理目标的分解;从过程上分析,空间管理的绩效指标是基于"条件输入"与"结果输出"这两个维度进行划分的。这两类维度划分方式一方面响应"目标"与"绩效指标"的内在关系,另一方面遵循绩效的"行为和结果结合论"。

第一部分是建筑设施的基本特征指标,包括空间特征指标和空间管理实施能力指标,其可视为输入性指标。空间特征指标描述设施的获得方式、设施的面积、建筑效率、设施获取成本等,空间管理实施能力指标代表组织对空间管理的战略引导、空间管理团队的业务能力、业务部门的配合等。这些指标能够影响空间管理实施的全过程,包括空间管理方案的制定、决策与实施力度,代表着绝大部分的过程绩效,能够直接影响后续产生的结果绩效。

第二部分是由六个子部分构成,包括内部空间环境、空间规划与利用、空间运维成本、空间功能性、空间管理信息化、组织文化发展,该部分充分体现了利益相关者在功能性、经济性、管理效率、战略价值等不同角度的需求。

通过量度这些指标可以发现建筑设施空间管理在未来发展中的提升空间与方向,反映绩效随着管理过程的变化而变化。这也对绩效指标提出了更高的要求,即绩效指标需全面描述空间管理系统是"如何好的"和系统的变化,其绩效指标要素应满足的特定条件为:①对于利益相关者是有价值的;②有一定的复杂程度,涵盖一定维度的基本要素。

7.5 建筑设施空间管理绩效评价与优化研究

在设定了建筑设施空间管理关键绩效评估指标后,KPI 可进一步实现空间管理目标的量化。换言之,KPI 的设定是为评估组织实施空间管理而达成的绩效水平而服务的,绩效评估的结果可量化组织设定的空间管理目标的实现程度,也可通过找出薄弱环节或同类型组织绩效比较,找到更高效的实现空间管理目标的策略,以完成空间管理绩效的优化。本节重点探讨如何利用 KPI 进行绩效评价(即采用何种绩效评价方法)。

7.5.1 建筑设施空间管理绩效评价方法的选取

通过对既有研究的综述发现,关于绩效评价的研究方法主要有三种:层次分析法、模糊综合评价法、数据包络分析法。本节整理了这三种方法的优点、缺点与适用范围(表 7-9),这一工作也是寻找空间管理绩效评价方法的基础工作之一。

表 7-9　常见绩效评价方法的比较

属性	层次分析法(AHP)	模糊综合评价(FCEM)	数据包络分析(DEA)
优点	1. 主观的逻辑判断与客观的计算相结合,具有较强的科学性和条理性; 2. 操作简单,适用范围广; 3. 数据结果可以定量描述,直观易于理解	1. 操作过程简单易行,结果清晰; 2. 擅长解决难以量化的模糊性问题; 3. 评价结果较为准确客观	1. 处理多变量问题具有明显优势; 2. 减少主观因素所导致的误差; 3. 不需要预先估计参数值; 4. 简化计算、降低误差
缺点	1. 依赖于专家的主观经验判断,具有很强的人为因素; 2. 要求被调查者对选项的相对重要程度非常了解	在指标集个数过多时,在权向量为 1 的约束条件下,相对隶属度权数可能偏小,造成权向量与模糊矩阵不匹配,出现超模糊现象	1. 假设前提是投入越少产出越大,效率就越高,但实际情况中存在例外; 2. 未对权重取值加以限制,可能出现与实际不符的权重分配结果
适用范围	适用于难以进行量化、需要定量分析的决策问题	适用于各种非确定性问题的解决	适用于对投入产出的决策,注重效率的评价问题

层次分析法(AHP)是一种将定性分析和定量分析相结合的评价方法。其原理是把研究的问题分解成不同的组成因素,将这些因素按照逻辑结构排列成递阶层次关系,利用专家的判断,将同一层次中不同因素进行两两比较,通过各因素的重要性排序,判断出各因素在整体层次结构中的重要性[189]。层次分析法最大的优点在于利用较少的定量信息使决策的思维过程数学化,并且计算过程简单,便于决策者掌握,因此得到了广泛的应用。

模糊综合评价(FCEM)是一种基于模糊数学的综合评价方法。该方法应用模糊数学中的隶属度函数将定性评价转化为定量评价[190]。模糊综合评价的优点在于结果清晰、系统性强,适用于解决难以量化的非确定性问题的评价。

数据包络分析(DEA)是一种涉及运筹学、管理科学以及数理经济学的数量分析方法。它是根据多项投入指标和产出指标,利用线性规划的方法,对具有可比性的同类型单元进行相对有效性评价[191]。数据包络分析的优点在于能够根据最优化原则同时计算决策单元多项投入和多项产出之间的相对效率,避免在决策过程中存在人为主观因素影响。

7.5.2　DEA 方法在绩效评估中的应用

数据包络分析(Data Envelopment Analysis,DEA)是由 Charnes、Coopor 和 Rhodes 于 1978 年提出的,该方法的原理主要是通过保持决策单元(Decision Making Units,DMU)的输入或输出不变,借助于数学规划和统计数据确定相对有效的生产前沿面,将各个决策单元投影到 DEA 的生产前沿面上,并通过比较决策单元偏离 DEA 前沿面的程度来评价它们的相对有效性[192]。DEA 方法具有以下几个特点[193]:①适用于多输出多输入的有效性综合评价问题;②无需对投入、产出数据进行无量纲化处理;③无须任何权重假设;④不必明确输入指标与输出指标的关系。

DEA 应用于建筑设施空间管理绩效的可行性或优势为:①建筑设施识别出的空间管理 KPI 数量较多,而 DEA 容纳多输入多输出变量的特点恰好适用;②DEA 的输入、输出变量无须无量纲化处理,这可以保持空间管理绩效指标本身的性质;③DEA 通过多个 DMU 的对比分析以锁定绩效优化方向,比较切合实际,这种最佳实践的做法在 FM 领域尤为普遍;④DEA 应用于绩效评价,可以实现与绩效优化的无缝对接,将效率高的 DMU 视为标杆以完成绩效优化策略的制定。特别指出的是,从空间管理 KPI 本身特点或评价目标来看,DEA 应用于空间管理绩效同时面临三个主要的挑战:①如何量化定性指标,量化后的 KPI 如何体现空间管理目标的实现程度;②多个相对效率评价视角的确定;③如何使得 DEA 服务于绩效优化,为各个 DMU 制定最有效的优化策略。

7.6　空间管理策略

空间管理策略(Space Management Policy,SMP)是空间管理成功实施的关键,也是空间管理开展的首要工作[50,194]。这一策略不仅是管理人员(设施管理经理/空间管理经理)实施空间管理的依据,也是建筑设计或空间设计的指南。鉴于空间管理是不动产管理与企业管理范畴的职能和业务[50],NAO 早在 1996 年就指出空间管理策略必须受控于企业的战略—预算—绩效(SBP),这是宏观的企业战略与微观的空间管理策略的基本联系[64]。此外,设施战略规划(SFP)与企业战术规划(STP)中涉及空间管理的内容均可纳入空间管理策略的范畴。

结合不同利益相关者的空间管理诉求,提出建筑设施的空间管理策略包含要点:

① 基于业务驱动方法分析组织的核心业务、组织文化与战略规划,判断不同利益相

关者所需空间的功能与面积,即空间需求。

② 根据各个利益相关者的影响权重,平衡设施的效率规模(床位数、各类面积等)与质量效果(空间功能性、空间可达性、空间灵活性、空间环境质量等)。

③ 识别不同利益相关者重点诉求的空间管理目标与绩效指标,在空间规划与管理中不容忽视。

④ 基于知识与实践,建立空间使用标准与管理流程,构建专业的空间管理团队。

⑤ 定期进行空间预测,即分析现有空间状况(条件、功能、面积、设备等)与组织需求之间的 GAP。

⑥ 基于空间运行成本预算,要求组织资本项目计划保障空间运行的资金使用,建立内部计费机制,鼓励空间运行成本的节约行为。

⑦ 基于标杆管理,时刻关注同类型建筑设施的空间管理绩效指标,包括单位面积空间利用率、年均建筑设施设备维修成本、年均能耗费用、工作人员数量等,采用科学的绩效评估方法找出自身与学习标杆的差距,锁定关键绩效指标,不断持续优化自身的空间管理绩效。

⑧ 大规模的建筑设施有必要将一些空间管理信息技术应用于管理中,提高管理的质量与效率。

⑨ 建立科学的 FM 组织结构,获得机构负责人的大力支持,保证空间管理工作的高效开展。

第**8**章

总 结

本书在第 3～5 章利用 BIM 协同、可视化的特点,将其引入到房屋产权(产籍)管理、设施设备维修维护和物业管理各运维阶段,提高运维管理系统的集成性和一体性。在最后一章旨在讨论如何利用空间管理理论与方法解决当前建筑设施存在的空间利用失控、空间功能失效等问题,一方面实现满足不同利益相关者的空间诉求,另一方面实现空间管理对核心业务的支持,充分发挥空间管理在建筑设施中的应用价值。

通过文献检索、案例分析、专家访谈等系列方法,深入探讨建筑设施运维管理的基础理论,主要内容为:①明确了运维管理的定义及运维管理的内容;②BIM 的概念和技术应用;③探讨利益相关者理论在建筑运维管理中应用的必要性,对建筑空间管理的利益相关者进行了定义、识别与分类,拟定主要利益相关者和次要利益相关者。主要利益相关者是与项目有合法的契约合同关系的团体或个人,比如业主方、承包方、设计方、供货方、监理方、给项目提供借贷资金的信用机构等。次要利益相关者是与项目有隐性契约,但并未正式参与到项目的交易中,受项目影响或能够影响项目的团体或个人,比如政府部门、环保部门、社会公众等。他们的诉求直接转化为运维管理目标,他们直接参与运维管理流程,为识别运维管理目标提供基础。

针对建筑房产管控的系统平台架构、产权(产籍)管理、维修改造决策和物业管理监管,提出了四个系统方案,为构建房产全生命周期管控体系奠定了技术框架:①提出了基于 Web-BIM 的房产管控系统技术方案。创新性地引入 Web-BIM 技术,增强数据的集成能力和管控的可视化效果,并将集中式管理模式逐步向分布式管理模式推动。②提出了基于可视化的房屋产权(产籍)管控系统技术方案。通过 BIM、GIS 等技术的整合,实现空间实体与产权关系的紧密结合,结构化及非结构化数据模型的相结合,为房产基本属性和产权(产籍)业务信息进行综合管理提供了技术支撑。③提出了基于大数据分析的房屋及设备设施维修改造管理系统技术方案。引入大数据分析的功能,对维修改造中的过程数据等进行监控、分析和评估,提高维修改造决策的精准度和质量。④提出了基于智能化的房产物业管理系统技术方案。引入智能化的技术,提高物业管理效率和感知能力,提升长期运维过程中的物业管理决策水平,提高房产的寿命。

以利益相关者视角为切入点,通过设定空间管理目标、设计空间管理流程、构建关键绩效指标体系、实施空间管理绩效评估与优化等构成的完整空间管理体系、流程与方法,落实空间管理在建筑设施运营中的应用。具体来说,通过文献检索、质性研究(深度访谈）、问卷调查等系列方法，识别并修正了我国建筑空间管理目标，包括 SMG1：为用户提供舒适、安全、健康的空间环境；SMG2：合理控制空间的占用成本；SMG3：优化空间的功能性；SMG4：增强空间的灵活性；SMG5：提高空间可达性；SMG6：及时响应用户的空间需求；SMG7：实现空间管理的信息化；SMG8：优化空间的利用率；SMG9：以空间管理支持组织文化发展。从流程设计理论视角构建空间管理的具体工作流程，基于精益价值管理理论优化空间管理流程。主要内容为：①界定建筑设施空间管理流程的定义与要素；②基于精益价值管理理念构建建筑设施空间管理流程的设计框架；③系统分析空间层级结构与空间管理的组织结构，明确建筑设施的空间管理组织结构；④基于目标分解梳理与编码建筑设施的空间管理活动；⑤基于信息依赖矩阵建立建筑设施空间管理活动的逻辑关系；⑥以数值型 DSM 对空间管理流程进行优化，并评估了优化前后的流程效率；⑦采用 BPMN 实现对空间管理的流程表达。在空间管理绩效和空间管理目标的基础上，进一步识别建筑设施空间管理的 KPI 和讨论绩效评价方法。

参考文献

［1］ Hammad A. Lifecycle management of facilities components using radio frequency identification and building information model ［J］. International Journal of Cancer Journal International Du Cancer，2012，35(6)：799-807

［2］ 中华人民共和国住房和城乡建设部. 关于印发《2011—2015 年建筑业信息化发展纲要》的通知［Z］,2011

［3］ 祝连波. 我国建筑业信息化研究文献综述［J］. 生产力研究,2010(1)：254-256

［4］ Becerik G B，Karen K. Building information modeling in architecture，engineering，and construction：emerging research directions and trends ［J］. Journal of Professional Issues in Engineering Education and Practice，2010，136(3)：139-147

［5］ Corry E，Keane M，Donnell O'J，et al. Systematic development of an operational BIM utilizing simulation and performance data in building operation ［C］// 12th Conference of International Building Performance Simulation Association. Sydney，2011：1422-1429

［6］ Hu Z Z，Chen X X，Zhang J P，et al. A BIM-based research framework for monitoring and management during operation and maintenance period ［C］// 14th International Conference on Computing in Civil and Building Engineering. Moscow，2012：96-97

［7］ 胡振中,彭阳,田佩龙. 基于 BIM 的运维管理研究与应用综述［J］. 图学学报,2015,36(5):802-810

［8］ 王陈远. 基于 BIM 的深化设计管理研究［J］. 工程管理学报,2012(4):12-16

［9］ 柳娟花. 基于 BIM 的虚拟施工技术应用研究［D］. 西安:西安建筑科技大学,2012

［10］ 王廷魁,赵一洁,张睿奕,等.基于 BIM 与 RFID 的建筑设备运行维护管理系统研究［J］.建筑经济,2013(11)：113-116

［11］ 陈沉,张业星,陈健,等.基于建筑信息模型的全过程设计和数字化交付［J］.水力发电,2014,40(8):42-46

［12］ 张建平,张洋,张新. 基于 IFC 的 BIM 及其数据集成平台研究［C］//全国工程设计计算机应用学术会议,2008

［13］ 清华大学软件学院 BIM 课题组. 中国建筑信息模型标准框架研究［J］. 土木建筑工程信息技术,2010,2(2):1-5

［14］ 张洋. 基于 BIM 的建筑工程信息集成与管理研究［D］.北京:清华大学,2009

［15］ Grilo A，Jardim-Goncalves R. Value proposition on interoperability of BIM and collaborative working environments［J］. Automation in Construction，2010，19(5):522-530

［16］ Kiviniemi A. Ten years of IFC-development：why are we not yet there［C］//Keynote lecture at the 2006 Joint International Conference on Computing and Decision Making in Civil and Building Engineering. Montreal，2006

［17］Kuo V, Oraskari J. A predictive semantic inference system using BIM Collaboration Format (BCF) cases and machine learning[C]. Cib World Building Congress, 2016

［18］Plume J, Mitchell J. Collaborative design using a shared IFC building model— learning from experience [J]. Automation in Construction, 2007,16(1):28-36

［19］Nour M. Performance of different (BIM/IFC) exchange formats within private collaborative workspace for collaborative work [J]. Electronic Journal of Information Technology in Construction, 2012, 14: 736-752

［20］Griffith A, Gibson G. Alignment during preproject planning[J]. Journal of Management in Engineering, 2015, 17(17):69-76

［21］Isikdag U, Underwood J. Two design patterns for facilitating building information model-based synchronous collaboration[J]. Automation in Construction, 2010, 19(5):544-553

［22］Poerschke U, Holland R, Messner J, et al. BIM collaboration across six disciplines[C]. ICCCBE, 2010

［23］Glick S, Guggemos A A. IPD and BIM: benefits and opportunities for regulatory agencies[C]. Proceesings of the 45th Associated Schools of Construction (ASC) Annual Conference. Gainesville, 2009

［24］Sebastian R. Changing roles of the clients, architects and contractors through BIM. Engineering [J]. Construction and Architectural Management, 2011, 18(2): 176-187

［25］Ashcraft H W. Building information modeling: a framework for collaboration[C]. Construction Lawyer, 2008

［26］Solnosky R, Parfitt M K, Holland R J. IPD and BIM-focused capstone course based on AEC industry needs and involvement [J]. Journal of Professional Issues in Engineering Education & Practice, 2013, 140(4): A4013001

［27］Ilozor B D, Kelly D J. Building information modeling and integrated project delivery in the commercial construction industry: a conceptual study[J]. Journal of Engineering Project & Production Management, 2012, 2(1):23-36

［28］Porwal A, Hewage K N. Building Information Modeling (BIM) partnering framework for public construction projects [J]. Automation in Construction, 2013, 31: 204-214

［29］Khanzode A, Fischer M, Reed D. Benefits and lessons learned of implementing building Virtual Design and Construction (VDC) technologies for coordination of Mechanical, Electrical, and Plumbing (MEP) systems on a large healthcare project[J]. Electronic Journal of Information Technology in Construction, 2008, 13:324-342

［30］Dossick C S, Neff G. Organizational divisions in BIM-enabled commercial construction[J]. Journal of Construction Engineering & Management, 2010, 136(4):459-467

［31］清华大学软件学院 BIM 课题组. 中国建筑信息模型标准框架研究[J]. 土木建筑工程信息技术, 2010,2(2):1-5

［32］马智亮,马健坤. IPD 与 BIM 技术在其中的应用[J]. 土木建筑工程信息技术,2011(4):36-41

［33］陈杰,武电坤,任剑波,等. 基于 Cloud-BIM 的建设工程协同设计研究[J]. 工程管理学报,2014(5): 27-31

［34］冯涛,姬晨辉. 基于 BIM 的建筑协同设计研究[J]. 工程经济,2016,26(1):36-40

[35] 郭俊礼,滕佳颖,吴贤国,等.基于 BIM 的 IPD 建设项目协同管理方法研究[J].施工技术,2012,41 (22):75-79

[36] 滕佳颖,吴贤国,翟海周,等.基于 BIM 和多方合同的 IPD 协同管理框架[J].土木工程与管理学报,2013,30(2):80-84

[37] 张建平,郭杰,王盛卫,等.基于 IFC 标准和建筑设备集成的智能物业管理系统[J].清华大学学报,2008,48(6):940-942

[38] 张连营,于飞.基于 BIM 的建筑工程项目进度—成本协同管理系统框架构建[J].项目管理技术,2014,12(12):43-46

[39] 张朝勇,王卓甫.项目群协同管理模型的构建及机理分析[J].科技进步与对策,2008,25(2):49-52

[40] 徐韫玺,王要武,姚兵.基于 BIM 的建设项目 IPD 协同管理研究[J].土木工程学报,2011(12):138-143

[41] Becker F, Steele F. The total workplace[J]. Facilities, 1990, 8(3):9-14

[42] Alexander K. Quality managed facilities[J]. Faciities, 1992, 10(2):19-23

[43] Martinez V, Felice De Toni A, Fornasier A, et al. A performance measurement system for facility management: the case study of a medical service authority[J]. International Journal of Productivity and Performance Management, 2007, 56(5/6):417-435

[44] Quah L K. Facilities management, building maintenance and modernization link[J]. Building Research & Information, 1992, 20(4):229-232

[45] Nutt B, McLennan P. Facility management: risks and opportunities [M]. Oxford: Blackwell Science Ltd, 2000

[46] Mcgregor W, Then D S-S. Facilities management and the business of space[M]. London: Arnold, 1999

[47] 曹吉鸣,缪莉莉.设施管理概论[M].北京:中国建筑工业出版社,2011

[48] Cotts D G, Rondeau E P. The facility manager's guide to finance and budgeting [M]. New York: AMACOM, 2004

[49] Ibrahim I, Wan Z W Y, Bilal K. Space management: a study on space usage level in higher education institutions[J]. Procedia - Social and Behavioral Sciences, 2012, 47:1880-1887

[50] Chen G. Mordern workplace management [M]. Shanghai: Tongji University Press, 2014

[51] Roper K O, Payant R P. The facility management handbook[M]. 4th ed. New York: AMACOM, 2014

[52] Sliteen S, Boussabaine H, Catarina O. Benchmarking operation and maintenance costs of French healthcare facilities[J]. Journal of Facilities Management, 2011, 9(4):266-281

[53] Godager B A. Analysis of the information needs for existing buildings for integration in modern BIM-based building information management [J]. Environmental Engineering, 2011(1):886-892

[54] 汪再军.BIM 技术在建筑运维管理中的应用[J].建筑经济,2013,9(42):94-97

[55] 刘幼光,黄正.浅析设备管理存在的问题与对策[J].江西冶金,2005,25(1):46-48

[56] 郑万钧,李壮.浅析大厦型综合楼物业设备设施的管理[J].科技信息,2008(19):98

[57] 刘会民.设施设备管理存在的部分问题及解决方法[J].中国物业管理,2007(8):58-59

[58] 王兆红,邱苑华,詹伟.设施管理研究的进展[J].建筑管理现代化,2006(3):5-8

[59] 郭岩巍.基于价值视角的设施管理研究[D].天津:天津理工大学,2008

[60] 过俊,张颖. 基于 BIM 的建筑空间与设备运维管理系统研究[J]. 土木建筑工程信息技术,2013，5(3):41-49,23

[61] 杨煊峰,闫文凯. 基于 BIM 技术在逃生疏散模拟方面的初步研究[J]. 土木建筑工程信息技术，2013,5(3):63-67

[62] 王廷魁，张睿奕. 基于 BIM 的建筑设备可视化管理研究[J]. 工程管理学报，2014(3):32-36

[63] IFMA. Space and Project Management Benchmarks[R]. USA，2010

[64] NAO. Space management in higher education：a good practice guide[R]. London：National Audit Office，1996

[65] Wan Y W Z. Space charging model：as an effective space management tool in higher education institutions[J]. Advances in Management & Applied Economics，2012，2(3)：163-179

[66] Amaratunga D，Baldry D. Moving from performance measurement to performance management [J]. Facilities，2002，20(5/6):217-22

[67] Kaplan R S. Strategic performance measurement and management in nonprofit organizations [J]. Nonprofit Management and Leadership，2001，11(3):353-370

[68] Hinks J，McNay P. The creation of a management-by-variance tool for facilities management performance assessment[J]. Facilities，1999，17(1/2):31-53

[69] Eastman C，Teicholz P，Sacks R，et al. BIM handbook：a guide to building information modeling for owners，managers，designers，engineers and contractors[M]. New York：John Wiley & Sons，2011

[70] Berard O，Karlshoej J. Information delivery manuals to integrate building product information into design[J]. Electronic Journal of Information Technology in Construction，2012，17:64-74

[71] Andre B，Rank E. Specification and implementation of directional operators in a 3D spatial query language for building information models[J]. Advanced Engineering Informatics，2009，23(1)：32-44

[72] Wong J，Yang J. Research and application of Building Information Modelling（BIM）in the Architecture，Engineering and Construction（AEC）industry：a review and direction for future research[C] // Proceedings of the 6th International Conference on Innovation in Architecture，Engineering & Construction（AEC）. UK：Loughborough University，2010：356-365

[73] Watson A. Digital buildings—challenges and opportunities[J]. Advanced Engineering Informatics，2011，25(4):573-581

[74] Tang P，Huber D，Akinci B，et al. Automatic reconstruction of as-built building information models from laser-scanned point clouds：a review of related techniques［J］. Automation in Construction，2010，19(7):829-843

[75] Nicolle C，Cruz C. Semantic building information model and multimedia for facility management ［M］// Web Information Systems and Technologies. Berlin：Springer，2011:14-29

[76] Cerovsek T. A review and outlook for a 'Building Information Model'（BIM）：a multi-standpoint framework for technological development ［J］. Advanced Engineering Informatics，2011，25(2)：224-244

[77] Lee G，Sacks R，Eastman C M. Specifying parametric Building Object Behavior（BOB）for a building information modeling system ［J］. Automation in Construction，2006，15(6)：758-776

[78] 何关培. BIM 和 BIM 相关软件[J]. 土木建筑工程信息技术，2010, 2(4):110-117

[79] 张建平,李丁,林佳瑞,等.BIM 在工程施工中的应用[J].施工技术,2012,41(16):18-21

[80] 杨德磊. 国外 BIM 应用现状综述[J]. 土木建筑工程信息技术,2013, 5(6): 89-94

[81] 邱奎宁,李洁,李云贵. 我国 BIM 应用情况综述[J]. 建筑技术开发,2015, 42(4): 11-15

[82] John I M, Chimay J A, Craig R D, et al. BIM project execution planning guide [M]. Pennsylvania: The Pennsylvania State University, 2010

[83] 吴奇. BIM 在工程中的应用综述[J].安徽建筑,2016(1): 235-236

[84] 祝连波,田云峰. 我国建筑业 BIM 研究文献综述[J]. 建筑设计管理,2014(2): 33-37

[85] 何清华,钱丽丽,段运峰,等. BIM 在国内外应用的现状及障碍研究[J]. 工程管理学报,2012(1): 12-16

[86] Cohen J D, Dunbar K, Mcclelland J L. On the control of automatic processes: a parallel distributed processing account of the stroop effect [J]. Psychological Review, 1990, 97(3):332-361

[87] Olander S. Stakeholder impact analysis in construction project management[J]. Construction Management and Economics, 2007, 25(3):277-287

[88] Ansoff H I. The emerging paradigm of strategic behavior[J]. Strategic Management Journal, 1987, 8(6):501-515

[89] 贾生华,陈宏辉. 利益相关者的界定方法述评[J]. 外国经济与管理,2002, 24(5):13-18

[90] Freeman R E. Strategic management: a stakeholder approach[M]. Boston: Pitman, 1984

[91] Mitchell R K, Agle B R, Wood D J. Toward a theory of stakeholder identification and salience: defining the principle of who and what really counts [J]. Academy of Management Review, 1997, 22(4): 853-886

[92] Li T H Y, Ng S T, Skitmore M. Modeling multi-stakeholder multi-objective decisions during public participation in major infrastructure and construction projects: a decision rule approach[J]. Journal of Construction Engineering & Management, 2016, 142(3):04015087

[93] Mikalsen K H, Jentoft S. From user-groups to stakeholders? The public interest in fisheries management[J]. Marine Policy, 2001, 25(4):281-292

[94] Toor S U R, Ogunlana S O. Beyond the 'iron triangle': stakeholder perception of Key Performance Indicators (KPIs) for large-scale public sector development projects[J]. International Journal of Project Management, 2010, 28(3):228-236

[95] Pennanen A, Whelton M, Ballard G. Managing stakeholder expectations in facility management using workplace planning and commitment making techniques [J]. Facilities, 2005, 23(13/14): 542-557

[96] 章晓懿,刘永胜. 利益相关者理论视角下的养老机构运行风险研究[J]. 上海交通大学学报(哲学社会科学版),2012,20(6):37-45

[97] 中华人民共和国住房和城乡建设部,中华人民共和国国家质量监督检验检疫总局. 混凝土结构工程施工规范:GB 50666—2011[S],2012

[98] 中华人民共和国住房和城乡建设部,中华人民共和国国家质量监督检验检疫总局. 混凝土结构工程施工质量验收规范:GB 50204—2015[S],2015

[99] 中华人民共和国住房和城乡建设部,中华人民共和国国家质量监督检验检疫总局. 建筑工程施工质量评价标准:GB/T 50375—2016[S],2016

[100] 中华人民共和国住房和城乡建设部,中华人民共和国国家质量监督检验检疫总局.建筑工程施工质量验收统一标准:GB/T 50300—2013[S],2013

[101] 中华人民共和国住房和城乡建设部,中华人民共和国国家质量监督检验检疫总局.砌体结构工程施工质量验收规范:GB 50203—2011[S],2011

[102] 闻新.MATLAB神经网络仿真与应用[M].北京:科学出版社,2003

[103] 王小川,史峰,郁磊磊,等.MATLAB神经网络43个案例分析[M].北京:北京航空航天大学出版社,2015

[104] Jeffrey W. IFC2x Extension Modelling Guide[R]. SmartMarket Report,2010

[105] 王勇,张建平,胡振中.建筑施工IFC数据描述标准的研究[J].土木建筑工程信息技术,2011(4):9-15

[106] 张洋.基于BIM的建筑工程信息集成与管理研究[D].北京:清华大学,2009

[107] Ma Z, Wei Z, Wu S, et al. Application and extension of the IFC standard in construction cost estimating for tendering in China[J]. Automation in Construction, 2011, 20(2):196-204

[108] Yu K, Froese T, Grobler F. International alliance for Interoperability: industry foundation classes[C]. Geneva, 2014

[109] 王超.基于BIM的监测信息IFC表达与集成方法研究[D].哈尔滨:哈尔滨工业大学,2015

[110] 吴会波,段国林,周至明.EXPRESS语言在企业建模中的应用[J].计算机集成制造系统,2004(12):1497-1501

[111] 唐春凤,刁波,王利锋.IFC文件的一般结构和EXPRESS语言介绍[C].北京:第十二届全国工程建设计算机应用学术会议,2004

[112] 王琳,邱奎宁,张汉义,等.IFC技术标准系列文章之一——IFC标准及实例介绍[J].土木建筑工程信息技术,2010,2(1):68-72

[113] 刘照球.基于IFC标准建筑结构信息模型研究[D].上海:同济大学,2010

[114] Kim M K, Cheng J C P, Sohn H, et al. A framework for dimensional and surface quality assessment of precast concrete elements using BIM and 3D laser scanning[J]. Automation in Construction, 2015, 49:225-238

[115] Kim I, Seo J. Development of IFC modeling fxtension for supporting drawing information exchange in the model-based construction environment[J]. Journal of Computing in Civil Engineering, 2008, 22(3):159-169

[116] Tanyer A M, Aouad G. Moving beyond the fourth dimension with an IFC-based single project database[J]. Automation in Construction, 2005, 14(1):15-32

[117] 张超,马小军.基于EXPRESS-G的BAS信息模型拓扑结构浅析[J].科技通报,2016(2):96-99

[118] 舒启林,李帅涛,王国勋.基于EXPRESS-G的机床资源信息建模及应用研究[J].机床与液压,2013(11):158-162

[119] 王平,李嘉璠.一种产品数据的图形表达方法——EXPRESS-G(下)[J].计算机辅助设计与制造,1999(10):40-42

[120] 严冬梅.数据库原理[M]. Dongmei Yan,译.北京:清华大学出版社,2011

[121] 于乾.青岛近海环境动力的集成分析与数据库建立[D].青岛:中国海洋大学,2014

[122] Sliteen S, Boussabaine H, Catarina O. Benchmarking operation and maintenance costs of French healthcare facilities[J]. Journal of Facilities Management, 2011, 9(4):266-281

［123］Moatari-Kazerouni A，Chinniah Y，Agard B. Integrating occupational health and safety in facility layout planning，part I：methodology［J］. International Journal of Production Research，2014，53 (11)：3243-3259

［124］ARCHIBUS. Space management：decrease occupancy costs and optimize utilization rates［R］. ARCHIBUS，2014

［125］Best R，Langston C A，Valence G D. Workplace strategies and facilities management［M］. Oxford，UK：Butterworth-Heinemann，2003

［126］Ilozor D B. Open-planning concepts and effective facilities management of commercial buildings ［J］. Engineering，Construction and Architectural Management，2006，13(4)：396-412

［127］Blakstad S H，Torsvoll M. Tools for improvements in workplace management［C］// Proceedings of the 9th EuroFM Res Sympo. Madrid，2010

［128］Jervis G，Mawson A. The workplace management framework version 1. 0 ［C］. London，UK：Advanced Workplace Associates，2014

［129］Hui E Y Y. Key success factors of building management in large and dense residential estate ［J］. Facilities，2005，23(1/2)：47-62

［130］ARCHIBUS. Space management：decrease occupancy costs and optimize utilization rates［R］. ARCHIBUS，2014

［131］Ibrahim I，Wan Z W Y，Bilal K. Space management：a study on space usage level in higher education institutions ［J］. Procedia — Social and Behavioral Sciences，2012，47：1880-1887

［132］杨秀君. 目标设置理论研究综述［J］. 心理科学，2004，27(1)：153-155

［133］Ibrahim I，Wan Z，Wan Y，et al. A comparative study on elements of space management in facilities management at higher education institutions ［J］. Journal of Regional Financial Research，2011，10：74-78

［134］Anker J P，van der Voordt T，Coenen C，et al. In search for the added value of FM：what we know and what we need to learn［J］. Facilities，2012，30(5/6)：199-217

［135］IFMA. Stragic facility planning：white paper IFMA［C］. Houston，TX：International Facility Management Association，2009

［136］Lundgren B，Björk B C. A model integrating the facilities management process with the building end user's business process［J］. Nordic Journal of Surveying and Real Estate Research，2004，1/2：190-204

［137］Locke E A，Latham G P. New developments in goal setting and task performance［M］. New York，USA：Routledge，2013

［138］Lavy S，Garcia J A，Dixit M K. KPIs for facility's performance assessment，part I：identification and categorization of core indicators［J］. Facilities，2014，32(5/6)：256-274

［139］Andersson M，Lindahl G，Malmqvist I. Use and usability of assisted living facilities for the elderly：an observation study in Gothenburg Sweden［J］. Journal of Housing For the Elderly，2011，25(4)：380-400

［140］Yuan J，Skibniewski M J，Li Q，et al. Performance objectives selection model in public-private Partnership projects based on the perspective of stakeholders［J］. Journal of Management in Engineering，2010，26(2)：89-104

[141] Schalm C. Implementing a balanced scorecard as a strategic management tool in a long-term care organization[J]. Journal of Health Services Research & Policy, 2008, 13 (Suppl 1):8-14

[142] Seymour A, Dupré K. Advancing employee engagement through a healthy workplace strategy[J]. Journal of Health Services Research &Ppolicy, 2008, 13(suppl 1):35-40

[143] Been I D, Beijer M. The influence of office type on satisfaction and perceived productivity[J]. Journal of Facilities Management, 2014, 12(2):142-157

[144] Xie H, Tramel J M, Shi W. Building information modeling and simulation for the mechanical, electrical, and plumbing systems[C] // IEEE International Conference on Computer Science and Automation Engineering. IEEE, 2011:77-80

[145] 贾生华,陈宏辉,田传浩. 基于利益相关者理论的企业绩效评价——一个分析框架和应用研究[J]. 科研管理,2003,24(4):94-101

[146] Douglas J. Building performance and its relevance to facilities management[J]. Facilities, 1996, 14(3/4):23-32

[147] Cutler L J. Physical environments of assisted living: research needs and challenges [J]. The Gerontologist, 2007, 47(3):68-82

[148] Steiner J. The art of space management: planning flexible workspaces for people [J]. Journal of Facilities Management, 2006, 4(1):6-22

[149] Lindholm A L. A constructive study on creating core business relevant CREM strategy and performance measures[J]. Facilities, 2008, 26(7/8):343-358

[150] Voordt T J M V D. Productivity and employee satisfaction in flexible workplaces[J]. Journal of Corporate Real Estate, 2004, 6(2):133-148

[151] Elias B M, Cook S L. Exploring the connection between personal space and social participation [J]. Journal of Housing For the Elderly, 2016, 30(1):107-122

[152] Talib Y, Rajagopalan P, Yang R J. Evaluation of building performance for strategic facilities management in healthcare: a case study of a public hospital in Australia[J]. Facilities, 2013, 31 (13/14):681-701

[153] Hinks J, McNay P. The creation of a management-by-variance tool for facilities management performance assessment[J]. Facilities, 1999, 17(1/2):31-53

[154] Roper K O, Payant R P. The facility management handbook [M]. 4th ed. New York: AMACOM, 2014

[155] Gibler K M, Gibler R R, Anderson D. Evaluating corporate real estate management decision support software solutions[J]. Journal of Corporate Real Estate, 2010, 12(2):117-134

[156] Ilozor B D, Oluwoye J O. Open-plan measures in the determination of facilities space management [J]. Facilities, 1999, 17 (7/8):237-245

[157] Kim T W, Fischer M. Ontology for representing building users' activities in space-use analysis [J]. Journal of Construction Engineering & Management, 2014, 140(8):04014035

[158] Morgan A, Anthony S. Creating a high-performance workplace: a review of issues and opportunities[J]. Journal of Corporate Real Estate, 2008, 10(1):27-39

[159] Seymour A, Dupré K. Advancing employee engagement through a healthy workplace strategy[J]. Journal of Health Services Research & Policy, 2008, 13(suppl 1):35-40

[160] CII. 2016 China institutional care facilities supply analysis[C]. Beijing, 2015

[161] Steiner J. The art of space management：planning flexible workspaces for people[J]. Journal of Facilities Management, 2006, 4(1):6-22

[162] Strauss A, Corbin J. Basics of qualitative research：techniques and procedures for developing grounded theory[M]. London：Sage Publications, Inc, 1998

[163] Sliteen S, Boussabaine H, Catarina O. Benchmarking operation and maintenance costs of French healthcare facilities[J]. Journal of Facilities Management, 2011, 9(4):266-281

[164] IFMA. Benchmarks V annual facility costs-research[R]. USA, 2008

[165] Leung M Y, Yu J, Chen D, et al. A case study exploring FM components for elderly in care and attention homes using post occupancy evaluation[J]. Facilities, 2014, 32(11/12):685-708

[166] Ohura T, Takada A, Nakayama T. Care goal setting and associated factors：semistructured interviews with multidisciplinary care providers in facilities for elderly people [J]. International Journal of Gerontology, 2014, 8(1):12-17

[167] 张国祥. 用流程解放管理者[M]. 北京：中华工商联合出版社, 2012

[168] Lundgren B, Björk B C. A model integrating the facilities management process with the building end user's business process[J]. Nordic Journal of Surveying and Real Estate Research, 2004, 1/2:190-204

[169] Browning T. Modeling and analyzing cost, schedule, and performance in complex system product development[M]. Massachusetts：Massachusetts Institute of Technology, 1998

[170] 杨青. 精益价值管理[M]. 北京：科学出版社, 2009

[171] 杨青, 邱菀华. 精益价值管理的基本原理与方法研究[J]. 科研管理, 2007, 28(4):149-154

[172] Chen C H, Ling S F, Chen W. Project scheduling for collaborative product development using DSM [J]. International Journal of Project Management, 2003, 21(4):291-299

[173] 毛小平. 工程项目可持续建设的流程优化研究[D]. 南京：东南大学, 2012

[174] 杨青, 吕杰峰, 黄健美. 基于 DSM 的复杂研发项目价值流优化[J]. 管理评论, 2012, 24(3):171-176

[175] Browning T R. Applying the design structure matrix to system decomposition and integration problems：a review and new directions[J]. IEEE Transactions on Engineering Management, 2001, 48(3):292-306

[176] 陈冬宇, 邱菀华, 杨青, 等. 基于 DSM 的复杂产品开发流程优化遗传算法[J]. 控制与决策, 2008, 23(8):910-914

[177] Meng X, Minogue M. Performance measurement models in facility management：a comparative study[J]. Facilities, 2011, 29(11/12):472-484

[178] Amaratunga D, Baldry D. Assessment of facilities management performance in higher education properties[J]. Faciities, 2000, 18(7/8):293-301

[179] Gissinger H K, Støre-Valen M. Benchmarking of FM departments of 8 Scanianvian hospitals [C]// Using Facilities in an Open World Creating Value for All Stakeholders, 2014

[180] Yousefie S, Mohammadi M, Monfared J H. Selection effective management tools on setting European Foundation for Quality Management (EFQM) model by a Quality Function Deployment (QFD) approach[J]. Expert Systems with Applications, 2011, 38(8):9633-9647

［181］Bassioni H A, Price A D F, Hassan T M. Performance measurement in construction［J］. Journal of Management in Engineering，2004，20(2):42-50

［182］Hofer F, Kleiner M, Knappmeyer B. An investigation of the suitability of the EFQM excellence model for a pharmacy department within an NHS trust［J］. International Journal of Health Care Quality Assurance，2003，16(2):65

［183］Litos C, Moustakis V S, Politis Y, et al. A business excellence model for the hotel sector: implementation to high-class Greek hotels［J］. Benchmarking，2009，16(4):462

［184］Jackson S. Exploring the possible reasons why the UK Government commended the EFQM (European Foundation for Quality Management) excellence model as the framework for delivering governance in the new NHS［J］. International Journal of Health Care Quality Assurance，1999，12(6):244

［185］古银华,王会齐,张亚茜.关键绩效指标(KPI)方法文献综述及有关问题的探讨［J］.内江科技，2008,29(2):26-27

［186］段波,周银珍.关键绩效指标体系的关键设计技术［J］.中国人力资源开发,2006(5):59-61

［187］陈丹红.构建关键绩效指标体系的流程分析［J］.商场现代化,2006(4):131-132

［188］Amaratunga D, Baldry D. Assessment of facilities management performance in higher education properties［J］. Facilities，2000，18(7/8):293-301

［189］Aydogan E K. Performance measurement model for Turkish aviation firms using the rough-AHP and TOPSIS methods under fuzzy environment［J］. Expert Systems with Applications，2011，38(4):3992-3998

［190］许雪燕.模糊综合评价模型的研究及应用［D］.成都:西南石油大学,2011

［191］周卓儒,王谦,李锦红.基于标杆管理的 DEA 算法对公共部门的绩效评价［J］.中国管理科学，2003,V(3):72-75

［192］Charnes A, Cooper W W, Rhodes E. Measuring the efficiency of decision making units［J］. European Journal of Operational Research，1978，2(6):429-444

［193］魏权龄,岳明.DEA 概论与 C^2R 模型——数据包络分析(一)［J］.系统工程理论与实践,1989(1):58-69

［194］Wiggins J M. Facilities manager's desk reference［M］. NJ, US: John Wiley & Sons, 2014